校企合作计算机类技能实战系列丛书
创新型+校企合作“十四五”精品教材

C语言程序设计基础教程

主　编◎崔鸿山　张民生　郭　玲
副主编◎苏亚玲　刘维振　李亚轩
宋云静　易　虎　杜玉静
吴允志

哈尔滨工程大学出版社
Harbin Engineering University Press

内容简介

本书以知识要点为前提，以语法为基础，以案例及任务分析为手段，突出本书培养工程实践人才的目标。本书共10个项目，主要包括程序设计与C语言、基本数据类型、算法、顺序结构程序设计、选择结构程序设计、循环结构程序设计、数组与字符串、函数和指针、复杂数据类型和文件的处理等内容。

本书结构合理，任务明确，示例典型，通俗易懂，既可作为应用型本科院校、职业院校相关专业的教材，也可作为从事相关技术开发的工程技术人员参考用书。

图书在版编目（CIP）数据

C语言程序设计基础教程 / 崔鸿山，张民生，郭玲主编. -- 哈尔滨 : 哈尔滨工程大学出版社，2025. 5.
ISBN 978-7-5661-4767-7

Ⅰ. TP312.8

中国国家版本馆CIP数据核字第2025BW1473号

C语言程序设计基础教程
C YUYAN CHENGXU SHEJI JICHU JIAOCHENG

选题策划 张林峰
责任编辑 章银武

出版发行 哈尔滨工程大学出版社
社　　址 哈尔滨市南岗区南通大街145号
邮政编码 150001
电　　话 0451-82519989
经　　销 新华书店
印　　刷 唐山唐文印刷有限公司
开　　本 787 mm×1 092 mm　1/16
印　　张 15.5
字　　数 397千字
版　　次 2025年5月第1版
印　　次 2025年5月第1次印刷
书　　号 ISBN 978-7-5661-4767-7
定　　价 49.80元
http://www.hrbeupress.com
E-mail:heupress@hrbeu.edu.cn

前　言

党的二十大报告指出，“坚持尊重劳动、尊重知识、尊重人才、尊重创造，实施更加积极、更加开放、更加有效的人才政策”“着力形成人才国际竞争的比较优势。加快建设国家战略人才力量”“深化人才发展体制机制改革……把各方面优秀人才集聚到党和人民事业中来”。

在当今数字化时代，编程已成为一项至关重要的技能，而C语言作为经典的编程语言，在计算机科学领域中占据着举足轻重的地位。它不仅是众多编程语言的基础，也是深入理解计算机底层原理和算法实现的关键工具。

随着国家对应用型本科和职业本科教育体系的调整，相关院校急需能够与高层次技术技能人才培养目标相衔接的理实一体化教材。本书正是基于这一需求而编写的。本书以项目为导向、任务为驱动，打破传统教材按知识点线性排列的模式。

本书每个任务都分为任务描述、任务分析、任务重点与实施等部分。任务描述部分清晰阐述任务的目标和要求；任务分析部分引导读者运用所学知识，思考解决问题的思路和方法；任务重点与实施部分给出详细的代码示例，并加以注释说明，帮助读者理解代码逻辑。知识拓展部分提炼关键知识点，激发读者的思考和兴趣。本书特点如下。

（1）以实践为导向。本书的核心理念是通过实际项目的练习来学习和掌握 C 语言编程，每个项目都涵盖了不同领域和应用场景，帮助读者将所学的知识直接应用到实际项目中。

（2）渐进式学习。项目和任务的难度逐步递增，符合读者的认知规律，使读者能够逐步提升编程能力，从入门到精通。

（3）图表结合，通俗易懂。本书在编写过程中，对于技术难点都给出了相应的例子和表格进行说明；对于复杂的程序，均结合了相应的程序流程图进行讲解，以方便读者理解程序的执行过程。

本书由崔鸿山（信阳艺术职业学院）、张民生（信阳工程职业学院）、郭玲（河南地矿职业学院）担任主编，由苏亚玲（信阳艺术职业学院）、刘维振（信阳航空职业学院）、李亚轩（信阳科技职业学院）、宋云静（开封大学）、易虎（信阳工程职业学院）、杜玉静（河南地矿职业学院）、吴允志（河南地矿职业学院）担任副主编。本书的相关资料和售后服务可扫封底微信二维码或登录 www.bjzzwh.com 下载获得。

由于编者水平有限，书中难免存在疏漏和不当之处，敬请各位专家及读者批评指正。

编　者

目　录

CONTENTS

项目1　程序设计与C语言

项目2　基本数据类型

项目 3　算法

项目 4　顺序结构程序设计

项目 5　选择结构程序设计

项目 6　循环结构程序设计

项目 7　数组与字符串

项目 8　函数和指针

项目 9 复杂数据类型

项目 10 文件的处理

项目 1　程序设计与 C 语言

项 目 导 读

程序设计是一门创造性的艺术，它让计算机按照人们期望的方式运行，解决各种复杂问题。而 C 语言作为一门经典且强大的编程语言，在程序设计领域占据着举足轻重的地位。在实际应用中，C 语言可用于操作系统开发、嵌入式系统编程、游戏开发等诸多领域。本项目主要介绍程序设计与 C 语言相关知识。

学习目标

- 掌握低级语言和高级语言的定义。
- 掌握 C 语言的特点、字符集、标识符和关键字。
- 熟悉 C 程序的结构。
- 了解 Dev-C++的特点和优势。
- 掌握 Dev-C++的安装和基本操作。

思政目标

- 鼓励学生开拓创新，培养学生的家国情怀、使命感和责任担当意识。
- 引导学生正确认知计算机程序设计准则，遵守编程规范；培养学生持之以恒、锲而不舍的精神。

任务 1　程序设计与 C 语言概述

任务描述

小白上大学后发现，很多老师、学生组建了不同的编程语言学习小组。他牢牢抓住这个机遇，加入了C语言小组学习本课程。C语言是一种编译型程序设计语言，它是在B语言的基础上发展起来的，其中涉及的知识更是日后学习进阶课程不可或缺的基石。首先要了解C语言的基础知识。

任务分析

C语言是一门面向过程的计算机编程语言，与C++、C#、java等面向对象编程语言有所不同。C语言的设计目标是提供一种能以简易的方式编译、处理低级存储器、仅产生少量的机器码，以及不需要任何运行环境支持便能运行的编程语言。

任务重点与实施

1.1.1 程序设计语言

程序设计语言按照书写形式和思维方式的不同，可分为低级语言和高级语言两大类。

1. 低级语言

低级语言包括机器语言和汇编语言。

(1)机器语言

要使用计算机解决一个问题，必须先编制好程序。程序是由一系列指令组成的。机器语言是以二进制代码的形式来表示这些基本指令集合的。它是计算机系统唯一能够直接识别和执行的程序设计语言。它的优点是运算速度快，每条指令均为由0和1组合起来的代码串，由操作码和操作对象两部分组成。

其中，操作码用来指出运算种类，如“加”“减”“乘”“除”“跳转”等；操作对象用来指示参与运算数据保存的位置，如存储器的某个地址或某个寄存器等。该语言的缺点是每一条指令相当于一个单词或短语，缺乏表达复杂长句子的语法结构和能力，可读性差，难查错，难修改。就如同一个咿呀学说语的婴儿，难以同其沟通和交流信息。鉴于此，研究工作中很快就发明和产生了比较易于阅读和理解的汇编语言。

(2)汇编语言

汇编语言实际上是由一组汇编指令构成的语言，与机器语言相比，它可以用指令英文名称的缩写字符串来表示其所代表的操作，用标号和符号来代表地址、常量和变量。如“ADD AX，BX”实现将两个寄存器AX与BX中的数相加的功能。这种方式便于识别和记忆，执行效率也较高。因为计算机只能识别机器指令，所以汇编语言指令写的程序不能在计算机系统上直接执行，需要借助汇编语言翻译程序(简称汇编程序)，将这种符号化的语言转换成可以直接执行的机器指令程序，才能被执行。

2. 高级语言

高级程序设计语言(简称高级语言)是指用于描述计算机程序的类自然语言。它是程序设计发展的产物，屏蔽了机器的细节，提高了语言的抽象层次。高级语言采用接近自然语言和数学语言的语句，易学、易用、易维护，并且在一定程度上与机器无关，给编程带来了极大方便。

针对不同的应用领域，人们设计出几百种各具特点的高级语言，目前常用的有几十种。例如，适合初学者的BASIC语言，易学易用；适用于科学计算的FORTRAN语言，具有强大的数值计算功能；适用于商业和管理领域的COBOL语言；第一个系统体现结构化程序设计思想的PASCAL语言适用于教学之中。在这些计算机语言中，C语言既具有其他高级语言的优点，又具有低级语言的许多特点，它功能丰富，移植性强，编译质量高，被称为应用最广泛的计算机语言之一。

1.1.2 C语言概述

C语言的历史可以追溯到20世纪60年代末期，可以说C语言是Ken Thompson、D. M. Ritchie及其同事在贝尔实验室开发UNIX操作系统过程中产生的副产品。Thompson独自用汇编语言编写了UNIX操作系统的最初版本，但用汇编语言编写的程序往往难以调试和改进，UNIX系统也不例外。Thompson意识到需要用一种更加高级的编程语言来完成UNIX系统未来的开发，于是他设计了一种小型的B语言。Thompson的B语言是在BCPL(basic combined programming language)语言的基础上开发的(BCPL语言是20世纪60年代中期产生的一种系统编程语言)，而BCPL语言的起源又可以追溯到一种最早的且影响最深远的ALGOL60语言。

不久，Ritchie也加入Unix项目，并且开始着手用B语言编写程序。1970年，贝尔实验室为UNIX项目争取到一台PDP-11计算机。当B语言经过改进并且运行在PDP-11计算机上时，Thompson就用B语言重新编写了部分UNIX代码。到了1971年，B语言已经暴露出非常不适合PDP-11计算机的问题，于是Ritchie开始开发B语言的升级版。他最初将新开发的语言命名为NB语言(意为“New B”)，但是后来，新语言越来越脱离B语言，于是他决定将它改名为C语言。到1973年，C语言已经足够稳定，可以用来重新编写UNIX系统了。

20世纪70年代，特别是1977年到1979年，C语言一直在发展。1977年出现了不依赖于具体机器的C语言编译文本“可移植C语言编译程序”，使C语言程序移植到其他机器时所需做的工作大大简化了。1978年，Brian Kernighan和Dennis Ritchie合作编写并出版了影响深远的名著*The C Programming Language*。此书一经出版就迅速成为C语言程序员的宝典。由于当时缺少C语言的正式标准，因此这本书就成为事实上的标准，编程爱好者把它称为“K&R”或者“白皮书”，把其中描述的C语言称为K&RC。

1983年，美国国家标准化协会(American National Standards Institute，ANSI)开始编制C语言标准。经过多次修订，C语言标准于1988年完成，并且在1989年12月正式通过，成为ANSI标准X3.159—1989。1990年，国际标准化组织(International Organization for Standardization，ISO)通过此项标准，将其作为ISO/IEC 9899—1990国际标准，把这些标准中描述的C语言称为“ANSI C”(标准C)。

C语言标准的第三版通常是指C11标准(ISO/IEC 9899：2011)，它是C语言发展史上的重要里程碑，于 2011 年正式发布，取代了 2000 年的 C99 标准，后续被 2018 年的 C17/C18 标准修订。C11 标准的意义在于将 C 语言从面向传统单线程、窄字符编程的领域，带入多线程、全球化和安全性优先的现代编程场景，并适应现代编程需求。

针对不同的程序设计语言编写出的程序，语言处理程序一般有两种形式：解释方式和编译方式。早期的一些高级语言采用解释程序进行翻译，如 BASIC，现在大部分高级语言都是采用编译程序进行翻译的，C 语言就是其中之一。C 语言开发程序的过程如图 1-1 所示。

图 1-1　C 语言程序开发的过程

1. C 语言的特点

基于 C 语言的设计初衷(编写操作系统和其他系统软件)和 C 语言自身的基础理论体系，C 语言的优点如下。

(1)高效性。高效性是 C 语言与生俱来的优点之一。因为 C 语言原来就用于编写传统的由汇编语言编写的应用程序，所以快速运行并占用有限内存就显得至关重要了。实验表明，针对同一问题，C 语言的代码效率只比汇编语言低 10% ~20% 。

(2)可移植性。移植是指程序从一个环境不加改动或稍加改动就可以在另一个环境中运行。C 语言编译器规模小且容易编写，这使得此种编译器得以广泛应用。

(3)功能强大。C 语言拥有一个数据类型和运算符的庞大集合，这个集合使得 C 语言具有强大的表达能力，能够以较少的代码实现复杂的功能。

(4)系统级操作。C 语言可以直接访问物理地址，能进行位(bit)操作，能实现汇编语言的大部分功能，可以直接对硬件进行操作，是一种适合系统编程的语言，而这些却是其他编程语言试图隐藏的内容。

(5)灵活性。虽然 C 语言最初的设计目的是系统编程，但是没有固有的约束将它限制在此范围内。C 语言现在可以用于编写从嵌入式系统到商业数据处理的各种应用程序。C 程序比其他程序简练，源程序短，采用的表达方式简洁，书写形式自由。虽然灵活性可能会让某些错误漏掉，但是它却使编程变得更加轻松。

(6)标准库。C 语言的一个突出优点就是它的标准库包含了数百个函数，这些函数可以用于输入/输出、字符串处理、存储分配以及其他一些实用的操作。

2. C 语言的字符集

C 语言的字符集是用来书写源程序清单时允许出现的所有字符的集合，字符是组成语言的最基本的元素。C 语言字符集由字母(小写字母 a ~ z 共 26 个，大写字母 A ~ Z 共 26 个)、数字(0 ~ 9 共 10 个)、空格、标点和特殊字符组成。在字符常量、字符串常量和注释中还可以使用汉字或其他可表示的图形符号。

3. C 语言的标识符

在编写程序时，需要对变量、函数、数组、宏和其他实体进行命名，这些名字称为标识符(identifier)。简单地说，标识符就是一个名字。在C语言中，标识符可以含有字母、数字和下划线，但是都必须以字母或者下划线开头。

以下是几种合法和非法的标识符。

合法	非法
student	5student(以数字开头)
_ok	ok?（含有特殊字符"?"）
student_num	student. num(标识符中不能含"."，只能含下划线)

C语言是区分大小写的。也就是说，在标识符中C语言区别大写字母和小写字母。例如，下列所示的标识符全是不同的。

job　joB　jOb　jOB　Job　JoB　JOb　JOB

上述8个标识符可以全部同时使用，且每一个都有完全不同的意义。因为C语言是区分大小写的，许多程序员都会遵循在标识符命名时只使用小写字母的规则(宏命名除外)。标准C对标识符的最大长度没有限制，所以不用担心不能使用过长的描述性名字。

4. C语言的关键字

关键字又称保留字，是一种预先定义的、具有特殊意义的标识符。用户不能重新定义关键字，也不能把关键字定义为一般的标识符，如关键字不能作变量名、函数名等。表1-1是标准C的所有关键字。C语言的关键字有类型标识符、控制流标识符、预处理标识符等。所有的关键字均用小写字母。

表1-1　标准C的所有关键字

auto	double	int	struct
break	else	long	switch
case	enum	register	typedef
char	extern	return	union
const	float	short	unsigned
continue	for	signed	void
default	goto	sizeof	volatile
do	if	static	while

1.1.3　C语言程序结构

下面以简单的C程序为例，分析C程序的组成特性。

【例1.1】在计算机屏幕上输出一行文字"Welcome!"。

实现这个功能的C语言源程序如下。

```
# include <stdio. h>
int main()
{
printf("Welcome! \n");
   return 0;
}
```

运行结果如图 1-2 所示。

即使是最简单的 C 程序也依赖 3 个关键的语言特性：命令行(在编译操作前修改程序的编辑命令)、函数(被命名的可执行代码块，如 main 函数)和语句(程序运行时执行的命令)。

图 1-2　例 1.1 运行结果

在编译 C 程序之前，预处理器会首先对 C 程序进行编辑，把预处理器执行的指令称为命令。后面会详细介绍这部分内容，这里只关注#include 命令。在上面程序中的第 1 行# include <stdio. h>通常称为命令行，这条命令说明，在编译前把<stdio. h>中的信息“包含”到程序中。<stdio. h>包含了关于 C 标准输入/输出库的信息。

C 语言拥有大量类似于<stdio. h>的头文件。每个头文件都包含一些标准库的内容。这段程序中包含<stdio. h>的原因是：C 语言不同于其他的编程语言，它没有内置的“读”和“写”命令，因此，进行输入/输出操作就需要用标准库中的函数来实现。所有命令行必须用“#”开头，这个字符可以把 C 程序中的指令和其他代码区分开来。默认情况下，命令行是一行，命令行的结尾既没有分号，也没有其他特殊标记。

在 C 语言中，函数仅仅是一系列组合在一起并且被赋予了名字的语句。函数类似于其他编程语言中的“过程”或“子程序”，它们是用来构建程序的构建块。事实上，一个 C 程序就是一个函数的集合。函数分为两大类：一类是用户编写的函数；另一类则是由 C 语言的编译器提供的库函数(library function)。

在上面的程序中，main 表示“主函数”，C 语言规定必须用 main 作为主函数名。其后的一对圆括号中间可以是空的，但这一对圆括号不能省略。程序中的第二行 main( )是主函数的起始行。在函数的起始行后面是函数体。函数体由花括号{ }括起来。一个 C 程序可以包含任意多个不同名的函数，但必须有一个且只能有一个主函数。一个 C 程序总是从主函数开始执行。

语句是程序运行时执行的命令。本例中主函数只有一个输出语句，printf 是 C 语言中的输出函数。双引号内的字符串原样输出。“\n”是换行符，即在输出“Welcome!”后回车换行。C 程序规定，每条语句都以分号结束。

【例 1. 2】已知矩形的两条边长分别是 3 和 4，求矩形的面积。

参考程序如下。

```
# include <stdio. h>
int main()
{
        int a,b,area;                /*  定义 a、b 和面积 area 为整型变量 */
        a =3;                        /*  给矩形两条边赋值*/
        b =4;
        area =a*  b;                 /*  求出面积将值赋给 area */
        printf("a =% d,b =% d,area =% d \n",a,b,area); /*  输出矩形的两条边长和面积*/
        return 0;
}
```

运行结果如图1-3所示。

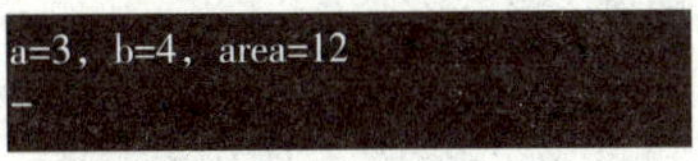

图1-3　例1.2运行结果

上面程序的作用实际是求a、b两个数的乘积。“/* …… */”语句，其目的是增强程序的可读性。注释部分必须用“/*”和“*/”包围。“/*”和“*/”必须成对地出现，“/”和“*”之间不可以有空格。注释可以用英文，也可以用中文。注释可以出现在程序中任何合适的地方。它既可以单独占行，也可以和其他程序文本出现在同一行中。注释部分对程序的运行不起作用。

程序第4行是定义部分，定义变量a和b，指定b为整型(int)变量。第5行起的两个语句是赋值语句，使a和b的值分别为3和4。第7行使area的值为a*b，第8行中“%d”是控制输入输出的“格式字符串”，用来指定输入输出时数据类型和格式，“%d”表示十进制整数类型。在执行输出时，“%d”将由a、b和area的值取代，“a=”“b=”和“area=”原样输出。

一般地，简单的C程序具有如下形式。

```
/* 第一部分:编译预处理语句*/
/* 自定义类型或全局变量定义*/
…
/* 第二部分:子函数的声明或定义*/
…
/* 第三部分:主函数*/
main()
{
变量声明与定义语句;
可执行语句;
}
/* 第四部分:子函数定义*/
……
```

通过以上几个程序例子，可以看到一个C程序的结构有以下特点。

(1)一个C程序至少包含一个main函数，或者包含一个main函数和若干个其他函数。也就是说，C程序是由函数构成的，函数是C程序的基本单位。其他函数可以是系统提供的标准库函数，也可以是用户根据实际需要自己设计编写的函数。

(2)一个函数的基本结构如下。

```
函数类型 函数名(函数参数类型 函数参数名,…)
{声明部分;
执行部分;
}
```

其中的声明部分和执行部分合在一起又称为函数体。

在C语言中，也允许函数体是空的，这种函数称为空函数。如

```
dump()
{ }
```

空函数什么也不做，但它是合法的。在设计调试一些大型程序时可以在某些地方放置一个空函数。

(3)C 程序的执行都是从 main 函数开始的，并且一定结束于 main 函数，而不管 main 函数在程序中的位置如何。

(4)函数体中的每一个语句都要以分号结束。C 语言的书写格式是非常自由的，可以把多个语句写在一行上，也可以把一个语句分写在多行上，系统是以分号判断一个语句结束的。

(5)在程序的任何地方都可以加入以“/* ”和“ */”包围起来的注释，注释的作用是增加程序的可读性，它并不被系统执行。

(6)C 语言中大小写字母是严格区分的。例如，如果 main 中任何一个字母写成大写就是错的，这一点在使用时要特别注意。

任务 2　Dev-C++的基础知识

任务描述

在编程学习阶段，学生需要一个直观、易用的平台来实践代码编写、编译、运行和调试等基础操作。Dev-C++提供了语法高亮、代码自动补全、编译错误提示等功能，帮助学生更快地掌握编程的基本流程和方法。

任务分析

在项目开发过程中，需要熟练使用 Dev-C++的基本操作，如新建项目、创建 C 源文件、在代码编辑区编写代码等操作。本任务主要介绍 Dev-C++的基础知识。

任务重点与实施

1.2.1　Dev-C++的特点和优势

Dev-C++作为一款入门级的集成开发环境(IDE)，为学 C 语言提供了极大的便利。Dev-C++是一个功能全面、操作简便的工具，旨在帮助用户更高效地编写、调试和编译 C/C++代码。

(1)安装包小巧。Dev-C++完整版安装包约 50 MB(含编译器)，适合配置较低的设备。相比 Visual Studio 或 CLion，启动速度快，无须复杂依赖，适合多任务环境(如同时运行虚拟机或模拟器)。

(2)界面简洁直观。Dev-C++主窗口布局清晰，代码编辑区、项目面板、编译输出窗口分离，菜单栏和工具栏功能明确，无冗余选项(如无复杂的重构或代码分析工具)。

(3)基础调试功能。Dev-C++支持设置断点、单步执行、变量监视，帮助用户理解程序执行流程，并且错误提示直接关联代码行号。

(4)跨平台支持。Dev-C++虽然主要面向Windows系统，但通过兼容层(如Wine)或移植版本，也可以在Linux等平台上运行，增加了灵活性。

1.2.2 Dev-C++的安装

Dev-C++的安装步骤如下。

步骤01 Dev-C++下载完成后，点击Dev-C++的安装文件(通常为.exe格式)，双击运行。此时会弹出安装程序启动界面。选择英文(English)，然后单击“OK”按钮，如图1-4所示。

步骤02 在弹出的许可协议界面中，单击“I Agree”按钮，表示同意Dev-C++的许可协议，如图1-5所示。

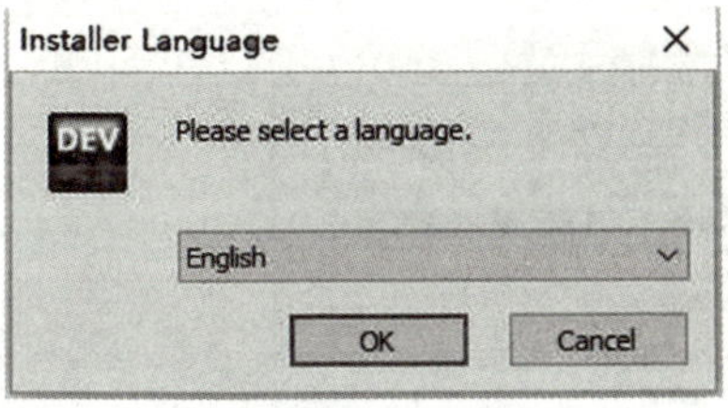

图1-4 选择英文(English)

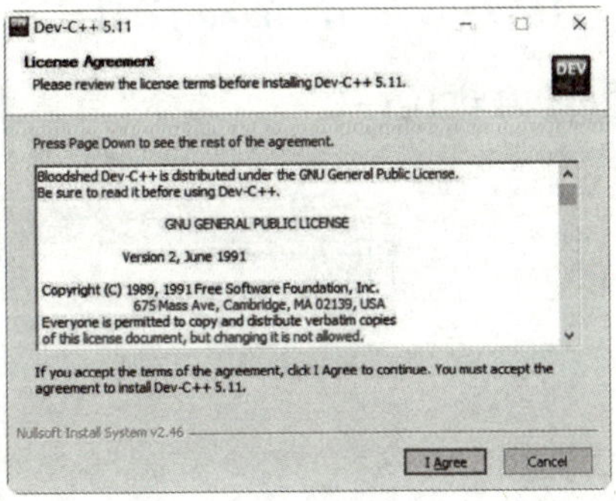

图1-5 单击“I Agree”按钮

步骤03 保持默认勾选“Full”(完整安装)，此时会安装Dev-C++的所有组件，然后单击“Next”按钮，如图1-6所示。

步骤04 执行上述操作后，弹出对话框，修改默认路径，为了避免安装在系统盘(如C盘)，可以选择其他磁盘(如D盘)，选择好路径后，单击“Install”开始安装，如图1-7所示。

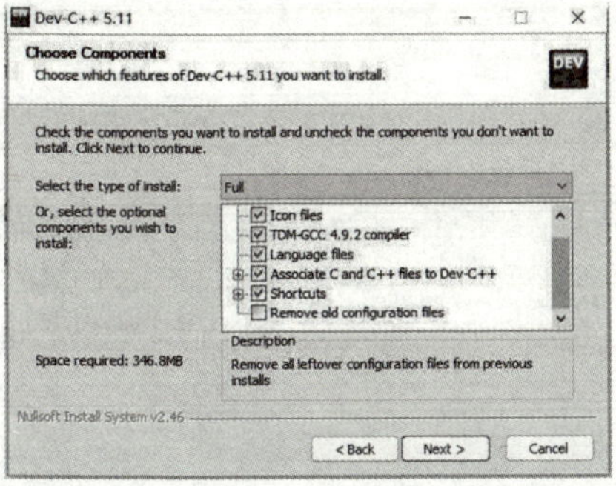

图1-6 默认勾选“Full”(完整安装)

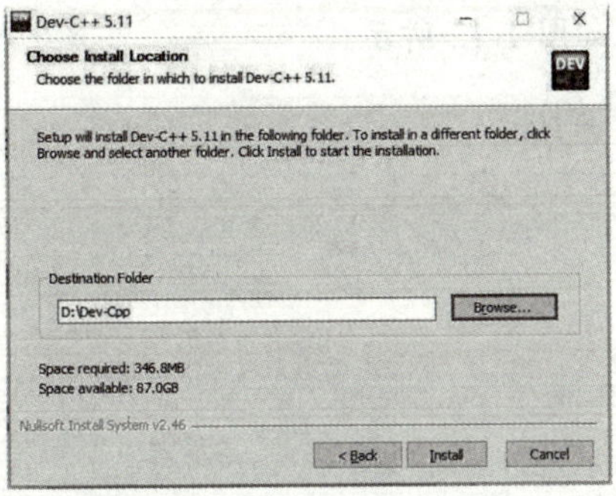

图1-7 单击“Install”开始安装

步骤05 执行上述操作后，开始安装Dev-C++，显示安装进度，如图1-8所示。

步骤06 用户可根据需要勾选“Run Dev-C++”，然后单击“Finish”按钮，退出安装向导，即可完成 Dev-C++的安装，如图 1-9 所示。

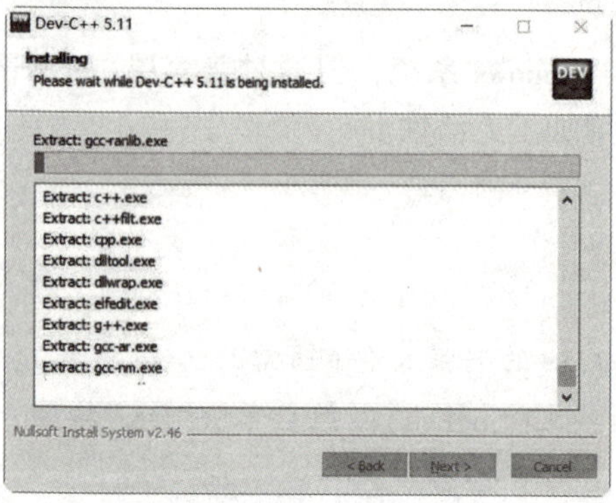

图 1-8　等待安装进度条完成

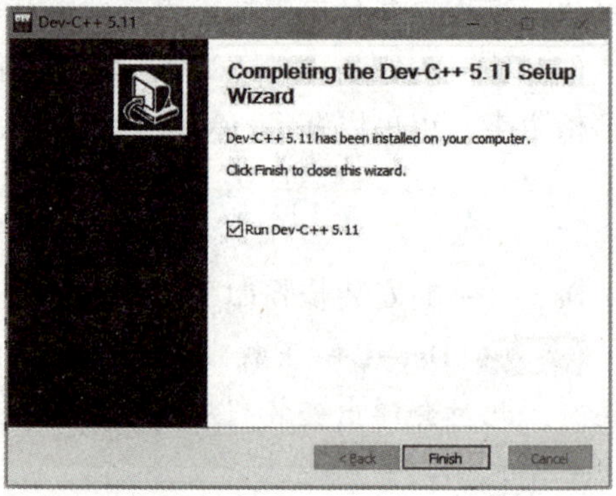

图 1-9　完成 Dev-C++的安装

1.2.3　Dev-C++的基本操作

步骤01 启动 Dev-C++，选择“简体中文/Chinese”，单击“Next”按钮，如图 1-10 所示。

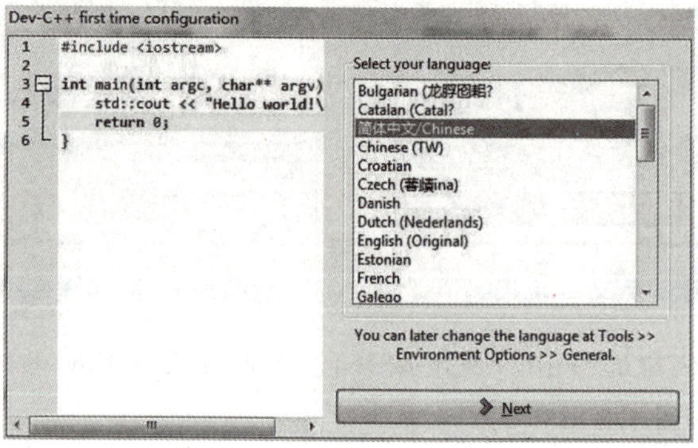

图 1-10　单击“Next”按钮

步骤02 用户可根据需要设置相应主题，如图 1-11 所示。设置完成后，单击“OK”按钮，如图 1-12 所示。

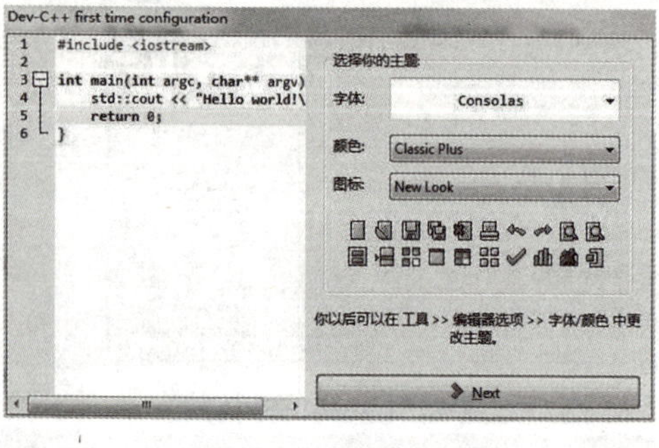

图 1-11　设置相应主题

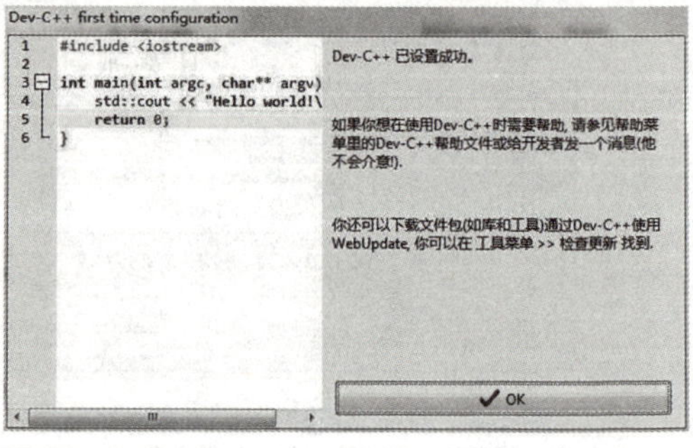

图 1-12　单击“OK”按钮

步骤03 完成上一步操作后，打开 Dev-C++界面，如图 1-13 所示。

图 1-13　打开 Dev-C++界面

步骤04 在菜单栏中，单击“文件”|“新建”|“源代码”命令，即可新建一个空白的源文件如图 1-14 所示。

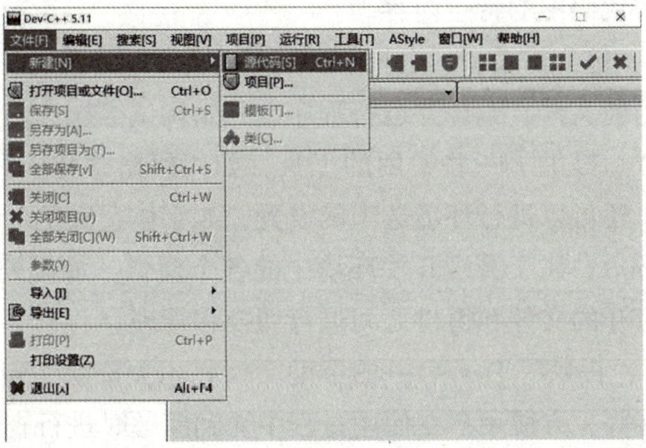

图 1-14　新建一个空白的源文件

1.2.4　Dev-C++界面组成

Dev-C++界面主要由菜单栏、工具栏、代码编辑区、输出窗口、项目管理器和状态栏组成，如图 1-15 所示。

1. 菜单栏

菜单栏位于窗口的顶部，包含了以下各种操作命令。

(1)文件(File)：用于文件的新建、打开、保存、另存为等操作，还可以进行项目的管理，如新建项目、打开项目等。

(2)编辑(Edit)：提供了对代码的编辑功能，如复制、粘贴、剪切、撤销、重做等，还可以进行代码的缩进、查找、替换等操作。

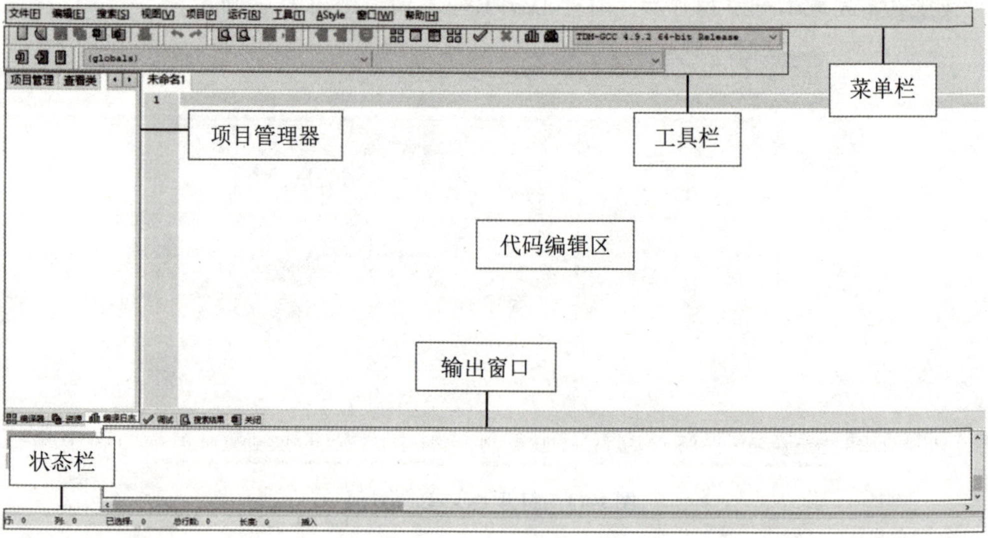

图 1-15　新建一个空白的源文件

(3)搜索(Search)：可以在代码中进行文本的搜索和替换，支持正则表达式搜索，方便快速定位和修改代码中的特定内容。

(4)运行(Run)：包含了编译、运行、调试等命令，是执行程序和进行调试的主要入口，可选择编译当前文件、编译并运行程序、开始调试等操作。

(5)工具(Tools)：提供了一些实用的工具，如代码格式化工具，可以使代码的格式更加规范、易读；还可以进行环境选项的设置，如字体、颜色、语言等。

(6)窗口(Window)：用于管理开发环境中的各个窗口，如排列窗口、切换窗口等，可以方便地在多个打开的文件和窗口之间进行切换和管理。

(7)帮助(Help)：提供了 Dev-C++的帮助文档和相关资源，包括软件的使用说明、教程、常见问题解答等，方便用户在使用过程中遇到问题时进行查阅。

2. 工具栏

工具栏位于菜单栏下方的一排图标按钮，是菜单栏中常用命令的快捷方式，方便用户快速执行常见的操作，提高编程效率。

3. 代码编辑区

代码编辑区占据了界面的大部分空间，是编写代码的主要区域。在这个区域中，可以输入和编辑 C 或 C++代码，支持语法高亮显示，不同类型的代码元素会以不同的颜色显示，方便区分和阅读代码；还支持代码自动完成功能，按【Ctrl+空格】键，会弹出一个包含可能的代码补全选项的列表，可从中选择合适的选项，快速完成代码输入。

4. 输出窗口

输出窗口位于界面的底部，用于显示程序编译和运行的结果。当编译代码时，如果出现错误或警告信息，会在输出窗口中显示出来，帮助定位和解决问题，程序运行时的输出结果也会显示在这个窗口中。

5. 项目管理器

项目管理器位于界面的左侧，用于管理项目文件。如果正在进行一个较大的项目开发，项目管理器可以帮助组织和查看项目中的各个文件，方便进行代码的管理和维护，可在项目管理器中对项目文件进行添加、删除、重命名等操作。

6. 状态栏

状态栏位于界面的底部，显示当前光标位置、行号、列号等信息，以及状态提示。

知识拓展

C语言程序的上机步骤

用户了解到要使计算机能按照人的意图工作，就要根据问题的具体要求，编写相应的程序。程序是一组计算机可以识别和执行的指令，每一条指令使计算机执行特定的操作。程序可以用高级语言或汇编语言编写，用高级语言或汇编语言编写的程序称为源程序。

C程序源程序的扩展名为“.c”。因为计算机只能识别和执行由0和1组成的二进制指令，所以源程序不能直接在计算机上执行，需要用“编译程序”将源程序翻译为二进制形式的“目标程序”。目标程序的扩展名为“.obj”。目标代码尽管已经是机器指令，但是还不能运行，因为目标程序还没有解决函数调用问题，需要将各个目标程序与库函数连接，才能形成完整的可在操作系统下独立执行的程序，称为“可执行程序”。可执行程序的扩展名为“.exe”。图1-16表示了一个C语言程序经过编辑、编译、连接到运行的全过程。

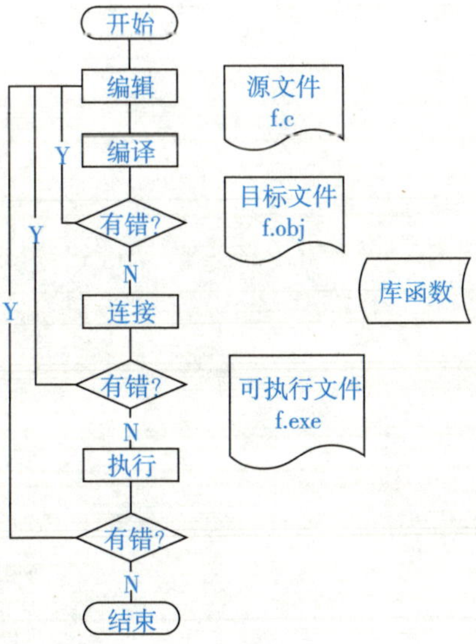

图1-16　C程序的上机步骤

项 目 小 结

本项目主要介绍了 C 语言的基本特性。首先介绍了低级语言和高级语言；其次介绍了 C 语言的特点、字符集和 C 语言程序结构；最后介绍了 Dev-C++的基础知识。通过本项目的学习，学生不仅能掌握一门语言工具，更能培养严谨的编程思维，为后续的学习奠定基础。

项 目 习 题

一、填空题

1. C 程序都是由________构成的，其中必有一个且只有一个________。

2. C 程序是从________开始执行的，最后也结束于________。

二、操作题

创建一个输出中文的 C 程序(如 printf("你好，世界！\n");)。若控制台显示乱码，通过修改 Dev-C++的编码设置解决。保存程序为 ChineseDisplay. c。

项目2 基本数据类型

项目导读

在C语言中，使用运算符可对变量和常量进行各种运算，而表达式是由运算符连接常量、变量、函数所组成的式子。对变量的说明可以包括3个方面：数据类型、存储类型和作用域。本项目主要介绍基本数据类型说明。

学习目标

- 了解C语言中的数据类型。
- 了解常量与变量的区别。
- 掌握整型、实型、字符型常量和变量的声明和使用方法。
- 了解变量的初始化方法。
- 掌握不同类型数据的相互转换。
- 掌握C语言的运算符和表达式。

思政目标

- 通过程序设计技巧及程序设计之美，培养学生欣赏美、创造美的程序，爱上程序设计，体会程序设计的魅力。
- 培养学生具有一定的辩证唯物主义运用能力、安全意识、劳动意识、创新意识、创新能力和强烈的爱国主义精神。

任务1 C语言的基本要素

任务描述

C语言是一门程序语言，其中包含了一些基本要素。这些要素通过语法规则共同构成程序的逻辑结构，实现从算法描述到可执行代码的转化。

任务分析

本任务需系统理解C语言6类基本要素(关键字、标识符、运算符、分隔符、其他符号及数据)的核心定义与功能，明确其作为程序构建的原子单位如何通过语法规则组合成有效代码，最终实现从理论认知到实际编码的过渡。

任务重点与实施

2.1.1 C语言基本要素的分类

C语言中常见的基本要素主要有以下6类。

1. 关键字(keyword)

关键字又称保留字，它们是C语言中预先规定的具有固定含义的一些单词，用户只能按预先规定的含义来使用它们，不能擅自改变其含义。

2. 标识符(identifier)

在计算机高级语言中，用来对变量、符号常量名、函数、数组、类型等命名的有效字符序列统称为标识符(identifier)。简单地说，标识符就是一个对象的名字。

3. 运算符(operator)

C语言提供了丰富的运算符，共有34种。按照不同的用途，这些运算符大致可分为以下13类。

(1)算术运算符：+　-　*　/　%

(2)关系运算符：>　>=　==　<　<=　!=

(3)逻辑运算符：!　&&　||

(4)赋值运算符：=

复合的赋值运算符：+=　-=　*=　/=　%=　&=　|=　^=　<<=　>>=

(5)自增1和自减1运算符：++　--

(6)条件运算符：?:

(7)强制类型转换运算符：(类型名)

(8)指针和取地址运算符：*　&

(9)计算字节数运算符：sizeof(类型或对象)

(10)下标运算符：[ ]

(11)结构体成员运算符：->　.

(12)位运算符：<<　>>　|　^　&　~

(13)逗号运算符：,

4. 分隔符(separator)

就像写文章要有标点符号一样，写程序也要有分隔符。在C程序中，空格、回车、换行、逗号等在各自不同的应用场合起着分隔符的作用。例如，程序中相邻的关键字、标识符之间应由空格或回车/换行作为分隔符，逗号则用于相邻同类项之间的分隔。再如，在定义类型相同的变量之间可用逗号分隔，在向屏幕输出的变量列表中，各变量或表达式之间也用逗号分隔。

```
int a,b,c;                          /* 在这里,逗号起着分隔符的作用*/
printf(" % d% d% d\n" ,a,b,c);      /* 在这里,逗号起着分隔符的作用*/
```

5. 其他符号

除上述符号之外，C 语言中还有一些具有特定含义的符号。例如，花括号“{”和“}”通常用于标识函数体或一个语句块。再如，“/＊”和“＊/”是程序注释所需的定界符。

6. 数据(data)

程序处理的数据有变量和常量两种基本数据形式。如例 2.1 中的“Input two integers:”和“0”都是常量，只是类型不同而已。其中，前者是字符串常量，后者是整型常量，而标识符 x、y、sum 等则是变量。常量与变量的区别在于：在程序运行过程中，常量的值保持不变，变量的值则是可以改变的。

【例 2.1】编写一个能对从键盘任意输入的两个整型数进行求和运算的 C 程序。

参考程序如下。

```
# include <stdio. h>
int Add(int a,int b)
{
return   a+b;          /* 从函数返回整型数 a 与 b 之和*/
}
int main (void)        /* 主函数*/
{
int x,y,sum =0;                       /* 变量定义和初始化*/
printf("Input two integers:");        /* 在屏幕上显示一条提示信息*/
scanf(" % d% d",&x,&y);               /* 输入两个整型数 x 和 y*/
sum =Add(x,y);                        /* 调用函数 Add()计算 x 和 y 之和*/
printf(" sum =% d\n",sum);            /* 输出 x 和 y 之和*/
return 0;
}
```

运行结果如图 2-1 所示。

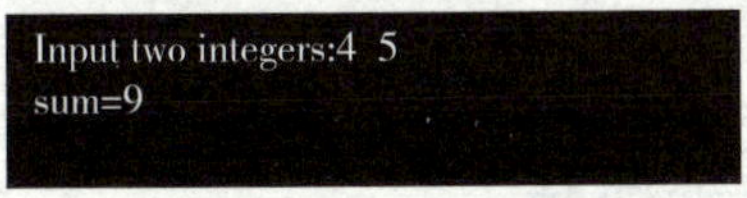

图 2-1　例 2.1 运行结果

如例 2.1 所示，一个 C 程序中有很多标识符号，这些标识符号分别代表不同的含义。

2.1.2 C 语言对标识符的规定

在 C 语言中，对标识符有如下规定。

(1)标识符只能由英文字母(A ~ Z，a ~ z)、数字(0 ~ 9)和下划线 3 种字符组成，且第一个字符必须为字母或下划线。例如，正确的标识符：tea，a1，stu_no ，file_1，a2b3；不正确的标识符：2from ，s-no。

(2)大小写字母代表不同的标识符。例如，标识符 abc 与标识符 ABC 是两个不同的标识符。一般对变量命名用小写，对符号常量命名用大写。

(3)不能使用 C 语言关键字作为用户自定义标识符。建议标识符命名应当有一定的意义，做到“见名知意”。例如，length(表示长度)、sum(表示求和)、pi(表示圆周率)。

任务 2　C 语言的数据类型

任务描述

程序和算法处理的对象统称为数据。在高级语言中，数据之所以要区分类型，主要是为了能更有效地组织数据，规范数据的使用，提高程序的可读性。

任务分析

使用 C 语言的基本数据类型时，需要注意：明确变量的数据类型，并根据需要合理选择，避免浪费存储空间或导致精度损失；数学运算时，尤其要注意不同类型之间的隐式转换规则；初始化变量，避免未初始化的变量使用导致不可预期的结果；对于跨越不同数据类型的操作，应当熟悉并遵循 C 语言的类型转换规则。

任务重点与实施

2.2.1 C 语言数据类型概述

不同类型的数据在存储形式、取值范围、占用内存大小及可进行的运算种类等方面都有所不同。C 语言的数据类型如图 2-2 所示。

(1)基本类型：基本类型最主要的特点是其值不可以再分解为其他类型。也就是说，基本类型是由 C 语言直接定义，不依赖其他结构解释。

(2)构造类型：构造类型是根据已定义的一个或多个数据类型用构造的方法来定义

的。也就是说，一个构造类型的值可以分解成若干个“成员”或“元素”。每个“成员”都是一个基本类型或又是一个构造类型。在 C 语言中，构造类型有数组类型、结构体类型和共用体(联合)类型等几种。

(3)指针类型：指针类型是一种特殊的同时又具有重要作用的数据类型。其值用来表示某个变量在内存储器中的地址。虽然指针变量的取值类似于整型量，但这是两个完全不同的类型，因此不能混为一谈。

(4)空类型：在调用函数值时，通常应向调用者返回一个函数值。这个返回的函数值是具有一定的数据类型的，应在函数定义及函数说明中加以说明。

在 C 程序中所用到的数据都必须指定其数据类型。指定了数据类型，也就定义了数据在计算机内存中所占的字节数。

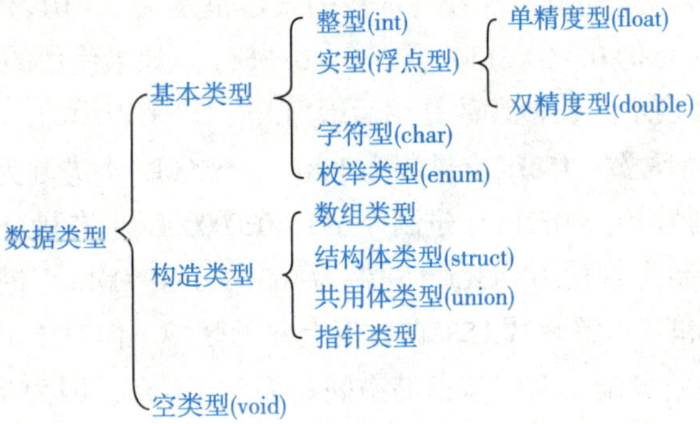

图 2-2 C 语言的数据类型

2.2.2 整型数据

整型数据是不包含小数部分的数值型数据，通常用于表示整数。整型数据在内存中以二进制形式存储，可以使用补码形式表示正数和负数。

1. 整型常量

整型常量就是整常数。在 C 语言中，使用的整常数有十进制、八进制和十六进制 3 种。

(1)十进制整常数：十进制整常数没有前缀，其数码取值为 0 ~ 9。

① 以下各数是合法的十进制整常数：237、-568、65535、1627。

② 以下各数不是合法的十进制整常数：023(不能有前导 0)、23D(含有非十进制数码)。

在程序中是根据前缀来区分各种进制数的。因此，在书写常数时不要把前缀弄错而造成结果不正确。

(2)八进制整常数：八进制整常数必须以 0 开头，即将 0 作为八进制数的前缀，其数码取值为 0 ~ 7。八进制数通常是无符号数。

① 以下各数是合法的八进制数：015(十进制为 13)、0101(十进制为 65)、0177777(十进制为 65 535)。

② 以下各数不是合法的八进制数：256(无前缀 0)、03A2(包含了非八进制数码)、-0127(出现了负号)。

(3)十六进制整常数：十六进制整常数的前缀为 0X 或 0x，其数码取值为 0 ~ 9，以及 A ~ F 或 a ~ f。

① 以下各数是合法的十六进制整常数：0X2A(十进制为 42)、0XA0（十进制为 160)、0XFFFF(十进制为 65535)。

② 以下各数不是合法的十六进制整常数：5A(无前缀 0X)、0X3H(含有非十六进制数码)。

整型常数的后缀：在 16 位字长的机器上，基本整型的长度也为 16 位，因此其表示的数的范围也是有限定的。十进制无符号整常数的表示范围为 0 ~ 65535，有符号整常数为-32768 ~ +32767。八进制无符号整常数的表示范围为 0 ~ 0177777。十六进制无符号整常数的表示范围为 0X0 ~ 0XFFFF 或 0x0 ~ 0xFFFF。如果使用的数超过了上述范围，就必须用长整常数来表示。长整常数是用后缀“L”或“l”来表示的。

例如，十进制长整常数：158L(十进制为 158)、358000L(十进制为 358000)；八进制长整常数：012L(十进制为 10)、077L(十进制为 63)、0200000L(十进制为 65536)；十六进制长整常数：0X15L(十进制为 21)、0XA5L(十进制为 165)、0X10000L(十进制为 65536)。

长整常数 158L 和基本整常数 158 在数值上并无区别。但对于 158L，因为是长整型量，C 编译系统将为它分配 4 个字节存储空间。而对于 158，因为是基本整型量，只分配 2 个字节的存储空间。因此在运算和输出格式上要予以注意，避免出错。

无符号数也可用后缀表示，整型常数的无符号数的后缀为“U”或“u”。

例如，358u、0x38Au、235Lu 均为无符号数。

前缀和后缀可同时使用以表示各种类型的数。如 0XA5Lu 表示十六进制无符号长整常数 A5，其十进制为 165。

【例 2.2】三种进制表示方法的转换。

```
#include <stdio.h>
main()
    {
int x =1246,y =01246,z =0x1246;
            printf(" % d,% d,% d\n",x,y,z);   /*  % d:以十进制格式符输出*/
            printf(" % o,% o,% o\n",x,y,z);   /*  % o:以八进制格式符输出*/
            printf(" % x,% x,% x\n",x,y,z);     /*  % x:以十六进制格式符输出*/
    }
```

【分析】在主函数中定义了 3 个整型变量 x、y 和 z，并给 x 赋初始值为十进制数 1246，给 y 赋初始值为八进制数 1246，给 z 赋初始值为十六进制数 1246。第一个 printf 是将这 3 个数都按十进制输出，输出结果为 1246、678、4678；第二个 printf 是将这 3 个数都按八进制输出，输出结果为 2336、1246、11106；第三个 printf 是将这 3 个数都按十六进制输出，输出结果为 4de、2a6、1246。

2. 整型变量

整型数据在内存中的存放形式如下。

如果定义了一个整型变量 i：

```
int i;
i =10;
```

0	0	0	0	0	0	0	0	0	0	0	0	1	0	1	0

数值是以补码表示的，正数的补码和原码相同，负数的补码是将该数的绝对值的二进制形式按位取反再加 1。

例如，求-10 的补码。

10 的原码：

0	0	0	0	0	0	0	0	0	0	0	0	1	0	1	0

取反：

1	1	1	1	1	1	1	1	1	1	1	1	0	1	0	1

再加 1，得-10 的补码：

1	1	1	1	1	1	1	1	1	1	1	1	0	1	1	0

由此可知，左面的第一位是表示符号的。

整型变量的分类如下。

(1)基本型：类型说明符为 int，在内存中占 2 个字节。

(2)短整量：类型说明符为 short int 或 short，所占字节和取值范围与基本型相同。

(3)长整型：类型说明符为 long int 或 long，在内存中占 4 个字节。

(4)无符号型：类型说明符为 unsigned。

无符号型又可与其他 3 种类型匹配。

① 无符号基本型：类型说明符为 unsigned int 或 unsigned。

② 无符号短整型：类型说明符为 unsigned short。

③ 无符号长整型：类型说明符为 unsigned long。

各种无符号类型量所占的内存空间字节数与相应的有符号类型量相同。但由于省去了符号位，故不能表示负数。

有符号整型变量：最大表示 32767。

0	1	1	1	1	1	1	1	1	1	1	1	1	1	1	1

无符号整型变量：最大表示 65535。

1	1	1	1	1	1	1	1	1	1	1	1	1	1	1	1

表 2-1 列出了各类整型量所分配的内存字节数及数的表示范围。

表 2-1　各类整型量所分配的内存字节数及数的表示范围

类型说明符	数的范围	字节数
int	-32768 ~ 32 767，即 $-2^{15} \sim (2^{15}-1)$	2
unsigned int	0 ~ 65535，即 $0 \sim (2^{16}-1)$	2
short int	-32768 ~ 32767，即 $-2^{15} \sim (2^{15}-1)$	2
unsigned short int	0 ~ 65535，即 $0 \sim (2^{16}-1)$	2
long int	-2147483648 ~ 2147483647，即 $-2^{31} \sim (2^{31}-1)$	4
unsigned long	0 ~ 4294967295，即 $0 \sim (2^{32}-1)$	4

以 13 为例：

int：

00	00	00	00	00	00	11	01

short int：

00	00	00	00	00	00	11	01

long int：

00	00	00	00	00	00	00	00	00	00	00	00	00	00	11	01

unsigned int：

00	00	00	00	00	00	11	01

unsigned short：

00	00	00	00	00	00	11	01

unsigned long：

00	00	00	00	00	00	00	00	00	00	00	00	00	00	11	01

3. 整型变量的定义

变量定义的一般形式为

```
类型说明符 变量名标识符,变量名标识符,……;
```

例如：

```
int a,b,c; (a,b,c 为整型变量)
long x,y; (x,y 为长整型变量)
unsigned p,q; (p,q 为无符号整型变量)
```

在书写变量定义时，应注意以下几点。

(1)允许在一个类型说明符后定义多个相同类型的变量。各变量名之间用逗号间隔。类型说明符与变量名之间至少用一个空格间隔。

(2)最后一个变量名之后必须以“;”号结尾。

(3)变量定义必须放在变量使用之前。一般放在函数体的开头部分。

【例 2.3】整型变量的定义与使用。

参考程序如下。

```
main()
{
int a,b,c,d;
unsigned u;
a =12;b =-24;u =10;
c =a+u;d =b+u;
printf("a+u =% d,b+u =% d\n",c,d);
}
```

4. 整型数据的溢出

【例 2.4】整型数据的溢出。

参考程序如下。

```
main()
{
int a,b;
a =32767;
b =a+1;
printf("% d,% d\n",a,b);
}
```

32767：

0	1	1	1	1	1	1	1	1	1	1	1	1	1	1	1

−32768：

1	0	0	0	0	0	0	0	0	0	0	0	0	0	0	0

2.2.3　实型数据

1. 实型常量

实型也称为浮点型。实型常量也称为实数或者浮点数，有十进制小数和指数两种形式。在 C 语言中，实数只采用十进制。

(1)十进制小数形式：由数码 0 ~ 9 和小数点组成。

例如，0.0、25.0、5.789、0.13、5.0、300.、-267.823 等均为合法的实数。

注意：必须有小数点。

(2)指数形式：由十进制数加阶码标志“e”或“E”以及阶码(只能为整数，可以带符号)组成。

其一般形式为：

a E n(a 为十进制数,n 为十进制整数)
其值为 a* 10^n

如：

2.1E5（等于 2.1×10^5）。

3.7E-2（等于 3.7×10^{-2}）。

0.5E7（等于 0.5×10^7）。

-2.8E-2（等于 -2.8×10^{-2}）。

以下不是合法的实数：

345（无小数点）。

E7（阶码标志 E 之前无数字）。

-5（无阶码标志）。

53.-E3（负号位置不对）。

2.7E （无阶码）。

标准 C 允许浮点数使用后缀。后缀为“f”或“F”即表示该数为浮点数。如 356f 和 356. 是等价的。

2. 实型变量

(1)实型数据在内存中的存放形式：float 型数据一般占 4 个字节(32 位)内存空间，按指数形式存储。实数 3.14159 在内存中的存放形式如下。

+	.314159	+	1

数符小数部分指数规律如下。

① 小数部分占的位(bit)数愈多，有效数字愈多，精度愈高。

② 指数部分占的位数愈多，则能表示的数值范围愈大。

(2)实型变量的分类：实型变量分为单精度型(float)、双精度型(double)和长双精度型(long double)3 类。

在 Dev-C++中单精度型占 4 个字节(32 位)内存空间，其数值范围为 3.4E-38 ~ 3.4E+38，只能提供 7 位有效数字；双精度型占 8 个字节(64 位)内存空间，其数值范围为 1.7E-308 ~1.7E+308，可提供 16 位有效数字。表 2-2 为各类实型变量所分配的内存字节数及数的表示范围。

表 2-2　Dev-C++中各类实型变量所分配的内存字节数及数的表示范围

类型说明符	比特数(字节数)	有效数字	数的范围
float	32(4)	6 ~ 7	10^{-37} ~ 10^{38}
double	64(8)	15 ~ 16	10^{-307} ~ 10^{308}
long double	128(16)	18 ~ 19	10^{-4931} ~ 10^{4932}

实型变量定义的格式和书写规则与整型相同。例如：

```
float x,y; (x,y 为单精度实型量)
double a,b,c; (a,b,c 为双精度实型量)
```

(3)实型数据的舍入误差：由于实型变量是由有限的存储单元组成的，因此能提供的有效数字总是有限的。

【例 2.5】实型数据的舍入误差。

参考程序如下。

```
main()
{
float a,b;
a =123456. 789e5;
b =a +20;
printf("% f\n",a);
printf("% f\n",b);
}
```

程序运行时，输出 b 的值将与 a 相等。因为 a 的值比 20 大很多，而一个实型量只能保证 7 位有效数字，后面的数字是不准确的。因此，把 20 加到 a 上是无意义的。

从例 2. 5 可以看出，在程序中，要避免将一个很大的数与一个很小的数直接进行加减运算，否则将会造成数据的舍入误差。类似地，1. 0/3×3 的结果并不等于 1。

【例 2. 6】实型数据的精度丢失。

```
# include <stdio. h>
main()
{ float   a;
double   b;
a =33333. 33333;
b =33333. 333333333333333;
printf("% f\n% lf\n", a, b);
}
```

从例 2. 6 可以看出，a 是单精度型，有效位数只有 7 位，而整数已占 5 位，故小数 2 位之后均为无效数字；b 是双精度型，有效位为 16 位。但 Dev-C++中规定小数后最多保留 6 位，其余部分四舍五入。

2.2.4 字符型数据

1. 字符常量

字符常量是用单引号括起来的一个字符。

例如，'a'、'b'、'='、'+'、'?'都是合法字符常量。

在C语言中，字符常量有以下特点。

(1)字符常量只能用单引号括起来，不能用双引号或其他括号。

(2)字符常量只能是单个字符，不能是字符串。

(3)字符常量可以是字符集中任意字符，还可以直接参与数值运算。

2. 转义字符

转义字符是一种特殊的字符常量。转义字符以反斜线"\"开头，后跟一个或几个字符。转义字符具有特定的含义，不同于字符原有的意义，故称为"转义"字符。例如，在前面各例题printf函数的格式串中用到的"\n"就是一个转义字符，其意义是"回车换行"。转义字符主要用来表示那些用一般字符不便于表示的控制代码。

常用的转义字符及其含义如表2-3所示。

广义地讲，C语言字符集中的任何一个字符均可用转义字符来表示。表2-3中的\ddd和\xhh正是为此而提出的。ddd和hh分别为八进制和十六进制的ASCII代码。如\101表示字母"A"，\102表示字母"B"，\134表示反斜线，\XOA表示换行等。

表2-3 常用的转义字符及其含义

转义字符	含义	ASCII代码
\n	回车换行	10
\t	横向跳到下一制表位置	9
\b	退格	8
\r	回车	13
\f	走纸换页	12
\\	反斜线符"\"	92
\'	单引号符	39
\"	双引号符	34
\a	鸣铃	7
\ddd	1~3位八进制数所代表的字符	
\xhh	1~2位十六进制数所代表的字符	

3. 字符串常量

字符串常量是由一对双引号括起的字符序列。例如，"CHINA"，"C program"，"$12.5"等都是合法的字符串常量。

字符串常量和字符常量是不同的量，主要有以下区别。

(1)字符常量由单引号括起来，字符串常量由双引号括起来。

(2)字符常量只能是单个字符，字符串常量则可以含一个或多个字符。

可以把一个字符常量赋予一个字符变量，但不能把一个字符串常量赋予一个字符变量。字符常量占一个字节的内存空间。字符串常量占的内存字节数等于字符串中字节数加 1。增加的一个字节中存放字符"\0"（ASCII 码为 0），这是字符串结束的标志。例如，字符串 "C program" 在内存中所占的字节为：

C		p	r	o	g	r	a	m	\0

字符常量'a'和字符串常量"a"虽然都只有一个字符，但在内存中的情况是不同的。

'a'在内存中占一个字节，可表示为：

a

"a"在内存中占两个字节，可表示为：

a	\0

4. 字符变量

字符变量用来存放字符常量，在内存中占一个字节的存储空间，只能存放一个字符。在一个字符变量中无法存放字符串。字符变量(字符型)的类型符为 char。字符变量的定义形式如下。

```
char   c1,c2;
```

它表示 c1 和 c2 为字符变量，各放一个字符。因此可以用下面语句对 c1、c2 赋值：

```
c1 ='a';c2 ='b';
```

也可以在定义时赋值，即字符变量的初始化。例如：

```
char   c1 ='a',c2 ='b';
```

需要注意的是：C 语言中没有字符串变量，所以不能将一个字符串常量赋给一个字符型变量。例如：

```
char ch ="china";
```

此语句是错误的。

5. 字符型数据在内存中的存储形式及其使用方法

每个字符变量被分配一个字节的内存空间，因此只能存放一个字符。字符值是以 ASCII 码的形式存放在变量的内存单元之中的。

如 x 的十进制 ASCII 码是 120，y 的十进制 ASCII 码是 121。

对字符变量 a、b 赋予'x'和'y'值：

```
a='x';
b='y';
```

实际上是在 a、b 两个单元内存放 120 和 121 的二进制代码。

a：

0	1	1	1	1	0	0	0

b：

0	1	1	1	1	0	0	1

所以也可以把它们看成是整型量。C 语言允许对整型变量赋以字符值，也允许对字符变量赋以整型值。在输出时，允许把字符变量按整型量输出，也允许把整型量按字符量输出。

整型量为二字节量，字符量为单字节量，当整型量按字符型量处理时，只有低八位字节参与处理。

注意：字符数据只占一个字节，它只能存放 0~255 的整数。

2.2.5 不同类型数据的相互转换

在 C 语言中，允许不同类型的数据进行运算。变量的数据类型是可以转换的。转换的方法有两种：一种是自动转换；另一种是强制转换。自动转换发生在不同数据类型的数据进行运算时，由编译系统自动完成。

1. 自动转换应遵循的规则

在 C 语言中，不同类型的数据间自动转换应遵循以下规则。

(1)若参与运算量的类型不同，则先转换成同一类型，然后进行运算。

(2)转换按数据长度增加的方向进行，以保证精度不降低。如 int 型和 long 型运算时，先把 int 量转成 long 型后再进行运算。

(3)所有的浮点运算都是以双精度进行的，即使仅含 float 单精度量运算的表达式，也要先转换成 double 型，再进行运算。

(4)char 型和 short 型参与运算时必须先转换成 int 型。

在赋值运算中，赋值号两边量的数据类型不同时，赋值号右边量的类型将转换为左边量的类型。如果右边量的数据类型长度比左边长时，将丢失一部分数据，这样会造成数据误差。

【例 2.7】自动转换应遵循的规则。

```
# include <stdio. h>
main( )
```

```
{ float    pi =3. 14159;
int    s, r =5;
s =r*  r*  pi;
printf("s =% d\n", s);
}
```

运行结果：

```
s =78
```

程序中，pi 为实型，s、r 为整型。在执行 s = r * r * pi 语句时，r 和 pi 都转换成 double 型计算，结果也为 double 型。但由于 s 为整型，故赋值时舍去了小数部分，只将整数部分赋值给变量 s。

2. 强制类型转换

强制类型转换是通过类型转换运算来实现的。其一般形式为：

```
(类型说明符) (表达式)
```

其功能是把表达式的运算结果强制转换成类型说明符所表示的类型。

例如，

```
(float) a 把 a 转换为实型
(int)(x+y)把 x+y 的结果转换为整型
```

在使用强制转换时应注意以下问题。

类型说明符和表达式都必须加括号(单个变量可以不加括号)，如把(int)(x+y)写成(int)x+y，就成了把 x 转换成 int 型之后再与 y 相加了。

无论是强制转换或是自动转换，都只是为了本次运算的需要而对变量的数据长度进行的临时性转换，而不改变变量定义时对该变量定义的类型。

【例 2. 8】强制类型转换。

```
# include  <stdio. h>
main( )
{ float    f =5. 75;
printf("(int)f =% d, f =% f\n",(int)f, f);
}
```

运行结果：

```
(int)f =5, f =5. 750000
```

本例表明，f 虽强制转为 int 型，但只在运算中起作用，是临时的，而 f 本身的类型并不改变。因此，(int)f 的值为 5，而 f 的值仍为 5. 75。

任务 3　常量与变量

任务描述

C 语言中的数据有常量和变量之分。常量又称常数，是指在程序运行中，其值不能被改变的量。

任务分析

常量可分为不同的类型。常用的有整型常量、实型常量、字符常量、字符串常量和符号常量。常量是可以不经说明而直接引用的，而变量则必须先定义后使用。

任务重点与实施

2.3.1　常量

常量是指在程序运行过程中，其值保持不变的量。常量也是数据，所以常量也有数据类型。C 语言中常量的类型有以下 4 种。

(1)整型常量如 18、0、-9。

(2)实型常量如 3.6、-1.48。

(3)字符常量如'a'、'c'、'8'。

(4)字符串常量如"china"、"shanxi"。

常量分为直接常量(字面常量)和符号常量。从其字面形式即可判断出的常量称为字面常量或直接常量。通过标识符来代表的常量，则称为符号常量。

【例 2.9】符号常量的定义和使用。

参考程序如下：

```
#include <stdio.h>
#define PRICE 5
int main()
{
    int num =20,total;
    total =num* PRICE;
    printf("total = % d",total);
    return 0;
}
```

运行结果如图 2-2 所示。

图 2-2　例 2.10 运行结果

在上面这个程序中，用 PRICE 这个标识符代表常量 5。用#define 命令使 PRICE 这个标识符在随后的程序中代表数字 5。定义后的 PRICE 则称为符号常量，即标识符形式的常量，它的值在程序运行期间不能改变。

习惯上，符号常量名用大写，变量用小写，以示区别。使用符号常量可以提高程序的可读性，便于修改，具有以下优点。

(1)含义清楚，便于理解。如上面的程序中，看程序时从 PRICE 就可以知道它代表价格。因此，定义符号常量名应考虑“见名知意”。

(2)修改方便，一改全改。在需要改变一个常量的值时，能做到“一改全改”。例如，对上面的程序作如下修改：

```
#define PRICE 10
```

则在程序中出现的所有 PRICE 都代表 10。

注意：符号常量是常量，不同于变量，它的值在其作用域内不能改变。如再用下面的赋值语句对 PRICE 赋值是不对的。

```
PRICE =30;
```

2.3.2　变量

在程序运行过程中，其值可以改变的量称为变量。一个变量应该有一个名字作为标识，变量名的命名必须遵循标识符规则。在命名时应考虑“见名知意”的原则。如用“sum”代表“总和”。

实际上，变量在其存在期间在内存中占据一定的存储单元，在该存储单元中存放变量的值。变量名实际上是一个符号地址，在对程序编译连接时由系统给每一个变量分配一个内存地址，而在程序运行过程中从变量中取值，则实际上是通过变量名找到相应的内存地址，从其存储单元中读取数据。

变量也分为不同的类型，如整型变量、实型变量、字符型变量等。在 C 语言中要求对所有用到的变量作强制定义，即应“先定义，后使用”。否则，在编译时会指出有关“出错信息”，这样做的目的有以下几个。

(1)保证程序中变量使用不会发生错误，例如，在定义部分有：

```
int student;
```

而在执行语句中错写成了：

```
statent=30;
```

在编译时会检查出 statent 没有进行定义，可以避免变量名使用时出错。

(2)对变量指定类型后，在编译时就能为其分配相应的存储单元。

(3)一个变量类型确定后，也就确定了该变量所能进行的操作。例如，整型变量 a 和 b，可以进行求余运算 a%b,%是“求余”，得到 a/b 的余数；如果将 a、b 指定为实型变量，则不允许进行“求余”运算。在编译时，可以据其类型来检查该变量所进行的运算是否合法。

(4)变量定义的一般形式是：

```
类型符 变量名 表列;
```

这里的类型符必须是有效的 C 数据类型，变量名表列可以由一个或多个由逗号分隔的多个标识符构成。例如：

```
int a,b;
```

其表示定义了两个整型变量 a 和 b。

变量的值一般通过赋值运算符或通过调用标准输入函数获取。变量赋值的一般形式为：

```
变量名 =表达式;
```

例如：

```
int a;
a =8;
```

其是将整型数据 8 赋给整型变量 a，从而使变量 a 对应的存储单元中存放的数据为 8。也可以在定义变量时给变量赋值，称之为变量的初始化。其一般形式为：

类型符 变量名=表达式;

例如：

```
int a =3;          /* 指定 a 为整型变量,初值为 3* /
```

还可以给定义的部分变量赋初值。例如：

```
int a,b =6,c;
```

注意不能有如下的形式：

```
int a =b =c =6;
```

标准输入函数的使用在后面介绍。

任务 4 C 语言的运算符与表达式

任务描述

C 语言中运算符和表达式数量之多，在高级语言中是少见的。正是丰富的运算符和表达式使 C 语言功能十分完善，这也是 C 语言的主要特点之一。

任务分析

C 语言的运算符不仅具有不同的优先级，而且还有一个特点，就是它的结合性。在表达式中，各运算量参与运算的先后顺序不仅要遵守运算符优先级别的规定，还要受运算符结合性的制约，以便确定是自左向右进行运算还是自右向左进行运算。这种结合性是其他高级语言的运算符所没有的，因此也增加了 C 语言的复杂性。

任务重点与实施

C 语言的运算符十分丰富，在学习运算符时应注意以下几点。

(1) 了解运算符的功能。

(2) 了解运算符要求的运算量个数，即该运算符为几目运算。

(3) 了解运算符所要求的运算量类型。

(4) 了解运算符的优先级与结合方向。

(5) 了解运算结果类型。

C 语言的运算符可分为算术运算符、自增/自减运算符、逗号运算符、赋值运算符、条件运算符、关系运算符、逻辑运算符、位运算符。下面分别进行介绍。

2.4.1 算术运算符

算术运算符用于各类数值运算，包括加(+)、减(-)、乘(*)、除(/)、求余(或称模运算,%)共 5 种。

(1) +：加法运算符或正值运算符(单目)，如 3+4、23+78、+13 等。

(2) -：减法运算符或负值运算符(单目)，如 11-2、-5 等。

(3) *：乘法运算符，如 58*45、-2*12 等。

(4) /：除法运算符，如 125/45 等。

(5) %：求余运算符，或称为模运算符，如 17%4、44%3 等。

5 种运算符的优先级为："＊""/""%"的优先级高于"+""-"，即先乘除，后加减。

在除法运算中，如果参与运算的两个量都为整型，则运算结果仍为整型。如 5/3 的结果为 1，2/7 的结果为 0。在求余运算中，要求两个运算量都必须是整型，如 3.0% 2 是不合法的。

2.4.2 自增/自减运算符

自增运算符(++)与自减运算符(--)都是单目运算符，都具有右结合性，而且它们只能用于变量，不能用于常量或表达式。它们的作用是使运算对象加 1 或减 1。如 i++ 等价于 i = i+1，同理 i--等价于 i = i-1。

自增/自减运算可分为前缀形式和后缀形式，如：

前缀形式：++i　　i 自增 1 后再参与其他运算。

　　　　　--i　　i 自减 1 后再参与其他运算。

后缀形式：i++　　i 参与运算后，i 的值再自增 1。

　　　　　i--　　i 参与运算后，i 的值再自减 1。

自增运算符(++)与自减运算符(--)可以出现在运算对象的左边或右边，但它们是有区别的：自增运算符(++)或自减运算符(--)若出现在运算对象 a 的左边，就是把 a 的值先增加或减少 1 后，再参加其他运算。如 a 的值为 7，那么执行语句 b = ++a，是先将 a 的值增加 1，即 a 变为 8，然后再执行赋值运算，即 b=a，则 b 被赋值为 8。

自增运算符(++)或自减运算符(--)若出现在运算对象 a 的右边，就是参加其他运算后，再把 a 的值增加或减少 1。如 a 的值为 7，那么执行语句 b = a++，是先执行赋值运算，即 b=a，则 b 被赋值为 7，然后再将 a 的值增加 1，即 a 变为 8。

【例 2.10】分析以下程序的输出结果。

```
#include <stdio. h>
main()
{
int a = 1,b = 2;
printf("% d,% d",++a,b++);
printf("% d,% d",a--,--b);
}
```

【分析】第一个输出语句需要输出++a 和 b++，由前面所述前加与后加的区别可知，++a 的值为 2，而 b++的值也为 2，因此这个输出语句将会输出 2，2。第二个输出语句需要输出 a--和--b，但需要注意的是，此时的 a 和 b 由于之前的自增运算已经分别变成了 2 和 3，于是 a--的值为 2，而--b 的值也为 2，因此将会输出 2，2。综上，这道题的答案是 2，2，2，2。

另外，自增运算的使用有以下两点需要特别注意。

① ++和--只能用于变量，不能用于常量或表达式，如 2++和(a+b)++都是非法的。

② 当++和--与其他运算符混合使用时，注意其结合性为"自右向左"，如-a--等价于-(a--)。

2.4.3　逗号运算符

在 C 语言中逗号“,”也是一个运算符，称为逗号运算符。其功能是把若干个表达式连接起来组成一个表达式，称为逗号表达式。其一般形式为：

```
表达式 1,表达式 2,…,表达式 n
```

其求值过程是从表达式 1 开始依次求各个表达式的值，并以表达式 n 的值作为整个逗号表达式的值。逗号运算符的优先级别是所有运算符中最低的。

【例 2.11】逗号表达式的计算。

```
# include <stdio. h>
main( )
{ int   a =2, b =4, c =6, x, y;
y =((x =a +b),(b +c));
printf("y =% d, x =% d \n", y, x);
}
```

运行结果：

```
y =10, x =6
```

程序中使用逗号表达式时，通常是要分别求逗号表达式内各表达式的值，并不一定要求整个逗号表达式的值。

2.4.4　赋值运算符

赋值运算符用于赋值运算，分为简单赋值(=)、复合算术赋值(+=，-=，*=，/=，%=)和复合位运算赋值(&=，|=，^=，>>=，<<=)3 类共 11 种。

赋值运算符级别较低，结合方向为自右至左。

1. 简单赋值运算符

简单赋值运算符记为“=”。由“=”连接的式子称为赋值表达式。其一般形式为：

```
变量 =表达式
```

例如：

```
y =a +b
w =sin(a)+sin(b)
x =i ++
```

赋值表达式的功能是计算表达式的值再赋值给左边的变量。赋值运算符具有右结合性。因此 a=b=c=5 可理解为 a=(b=(c=5))。

2. 复合赋值运算符

如 a+=b 等于 a=a+b，x/=a+b 等于 x=x/(a+b)。

使用复合赋值运算符，可以简化代码，还可以提高编译效率。

在其他高级语言中，赋值构成了一个语句，称为赋值语句。而在 C 语言中，把“=”定义为运算符，从而组成赋值表达式。凡是表达式可以出现的地方均可出现赋值表达式。例如，式子 x=(a=5)+(b=8)是合法的。它的意义是把 5 赋给 a，8 赋给 b，再把 a、b 相加，把和赋给 x，故 x 应等于 13。

在 C 语言中也可以组成赋值语句，按照 C 语言规定，任何表达式在其末尾加上分号就构成语句。因此：

```
x=8     赋值表达式
```

而

```
x=8;    赋值语句
```

前面已经提到了表达式，在 C 语言中，除了赋值表达式外，还可以有算术表达式、关系表达式、逻辑表达式等。所有的表达式都是有值的，算术表达式的值很容易计算，关系和逻辑表达式的值为 1 或 0，那么赋值表达式的值呢？赋值表达式的值就是该表达式中赋值运算符右边表达式的值。

在 C 语言中，赋值“=”和等于“==”是两个不同的运算符。在程序中，常常在需要用“==”的时候习惯性地用了“=”，而这样的错误很多时候系统是检查不出来的，初学者也往往由于多年的习惯看不出这样的错误。

2.4.5 条件运算符

这是一个三目运算符，用于条件求值。其一般形式为

```
表达式1? 表达式2:表达式3
```

运算规则如下：先计算表达式 1 的值，如果值为真(非 0)，则取表达式 2 的值为整个条件表达式的值，否则取表达式 3 的值为整个条件表达式的值。

例如，z=a>b? a：b

因为条件运算的优先级别比赋值高，所以该表达式表示：如果 a 大于 b，则取 a 的值赋给 z，否则取 b 的值赋给 z。

条件运算符的结合方向为自右至左，即 a > b ? a ; c > d ? c ; d 等价于 a > b ? a:(c > d ? c ; d)。

2.4.6 关系运算符

关系运算符包括大于(>)、小于(<)、等于(==)、大于等于(>=)、小于等于(<=)和不等于(!=)6 种。

关系运算符要求两个操作数是同一种数据类型，其结果为一个逻辑值，即关系成立时，结果为“真”，用 1 表示；否则结果为假，用 0 表示。

关系运算符的优先级低于算术运算符，且均为右结合性。例如，a+b<c+3 先计算 a+b 和 c+3 两个算术表达式，得到两个值后再进行比较，从而求出关系表达式的值。

2.4.7 逻辑运算符

用于逻辑运算，包括与(&&)、或(‖)、非(!)3种。其中&&和‖为双目运算符，结合方向为自左至右；!为单目运算符，结合方向为自右至左。3个运算符中，!的优先级别最高，其次是&&，‖的优先级别最低。

逻辑运算的运算规则如表2-4所示。在C语言中，一个量的真假是以非0和0来判断的，非0表示真，0表示假；而一个表达式运算结果的真假则是以1和0来判断的，1表示真，0表示假。

表2-4 逻辑运算的运算规则

数据a	数据b	a&&b	a‖b	!a
非0	非0	1	1	0
非0	0	0	1	0
0	非0	0	1	1
0	0	0	0	1

从表2-4中可以看出，对于&&运算，只有当两个运算量都为真时，其结果才为真；对于‖运算，只有当两个运算量都为假时，其结果才为假。

在逻辑表达式的求解中，还要注意逻辑运算的“短路特性”，即在逻辑表达式求解时，并非所有的逻辑运算符都被执行，只是在必须执行下一个逻辑运算符才能求出表达式的值时，才执行该运算符。

如求解a&&b&&c，只在a为真时，才判别b的值，因为如果a为假，则整个表达式的值一定为假；同样，只在a、b都为真时，才判别c的值。而求解a‖b‖c时，只在a为假时，才判别b的值；只在a、b都为假时，才判别c的值。

2.4.8 位运算符

位(bit)运算使C语言具备了部分低级语言的特征和功能。位运算可直接对内存的基本单位“字节”(Byte)按二进制进行控制和操作。位运算只能作用于整型或字符型数据，不能是实型数据。

位运算符共有6个。由于位操作是按二进制进行运算的，所以运算量一般为无符号整型或字符型。操作数可以是常量、变量或表达式。C语言中的6个位运算符如表2-5所示。

表2-5 C语言中的6个位运算符

运算符	含义	优先级
~	按位取反	1(高)
<<	左移	2
>>	右移	2

（续表）

运算符	含义	优先级
&	按位与	3
^	按位异或	4
|	按位或	5(低)

其中，只有取反运算符“~”为单目运算符，结合性为自右向左；其余均为双目运算符，结合性为自左向右。

1. 按位取反(~)

形式：~a。

功能：将 a 的各个二进制位取反。

示例：~13 的计算过程为 ~13 = ~(00001101) = 11110010。（注：本例只取出了 13 的最低的一个字节，即低 8 位。下面都是如此。）

2. 左移(<<)

形式：a<<n。

功能：将 a 的各二进制位向左移动 n 位，右端补 0，左端移出的部分直接丢弃。

示例：13<<4 的计算过程为 13<<4 = (00001101)<<4 = 11010000。

特殊用法：左移运算可以扩大原数的倍数。即：将一个数左移 1 位，相当于该数乘以 2；左移 2 位相当于该数乘以 4。但是左移出去的位不能包含 1。

例如，若 a=13，a=a<<2；即二进制 00001101，左移两位变为 00110100 后赋值给 a，即 a=13×4=52。

3. 右移(>>)

形式：a>>n。

功能：将 a 的各二进制位向右移动 n 位，右端移出的部分直接丢弃。当移位的操作数为无符号数或正整数时左端补 0，为负整数时左端补 1。

示例：13>>2 的计算过程为 13>>2 = (00001101)>>2 = 00000011。

特殊用法：右移运算可以缩小原数的倍数。即：将一个数右移 1 位，相当于该数除以 2；右移 2 位相当于该数除以 4。但是右移出去的位不能包含 1。

例如，若 a=32，a=a>>2；即二进制 00100000，右移两位后变为：00001000 后赋值给 a，即 a=32÷4=8。

若 a=13，a=a>>2；即二进制 00001101，右移两位变为 00000011 后赋值给 a，即 a=3。并不是原数除以 4，因为右移出去的位中包含 1。

4. 按位与(&)

形式：a&b。

功能：将 a 和 b 按照对应的二进制位一一进行“与”运算，只有对应的二进制位都为 1 时，该位的结果才为 1，否则为 0。

示例：65&66 的计算过程为：

```
        01000001
&       01000010      （按位与 &）
        01000000      （结果）
```

按位与的主要用途如下。

(1)清零。要将一个运算量的每个位清零(屏蔽)，例如 a 的值为 1101101，b 的值为 11110000，a&b 的结果是 11010000，相当于把 a 的低 4 位屏蔽，高 4 位不变。

(2)取一个数中的某些位。若要把某数的某些二进制位取出来，可以把其他位清零，把需要取出的位按位与 1，不需要取出的数按位与 0 即可。

如：要使 11001101 的低 4 位清零，高 4 位取出，将其与 11110000 按位与即可。

```
        11001101
&       11110000      （按位与 &）
        11000000      （结果）
```

可以看到，凡是与 0 按位与的位都变 0 了，而与 1 按位与的位原封不动。

5. 按位异或(^)

形式：a^b。

功能：将 a 和 b 按照对应的二进制位一一进行“异或”运算，只有对应的二进制位不同时，该位的结果才为 1，否则为 0。

示例：65^66 的计算过程为：

```
        01000001
^       01000010      （按位异或^）
        00000011      （结果）
```

按位异或的主要用途为：使指定位翻转。即由 1 变为 0，由 0 变为 1。

如：要使 11001101 的低 4 位翻转，将其与 00001111 按位异或即可。

```
        11001101
^       00001111      （按位异或^）
        11000010      （结果）
```

可以看到，凡是与 1 按位异或的位都变反了，而与 0 按位异或的位原封不动。

6. 按位或(|)

形式：a | b。

功能：将 a 和 b 按照对应的二进制位一一进行“或”运算，只有对应的二进制位都为 0 时，该位的结果才为 0，否则为 1。

示例：65 | 66 的计算过程为：

```
        01000001
|       01000010      （按位或 | ）
        01000011      （结果）
```

按位或的主要用途为：按位或常用来将一个数的某些位变为 1。

如：要使 11001101 的低 4 位变为 1，将其与 00001111 按位或即可。

```
    11001101
|   00001111    （按位或 | ）
    11001111    （结果）
```

可以看到，凡是与 1 按位或的位都变为 1 了，而与 0 按位或的位原封不动。

7. 位数不同的运算对象之间的运算规则

当两个运算对象的类型不同时，其位数也不相同，如 char 是 1 个字节（即 8 位），而 short int 是 2 个字节（即 16 位）。当遇到这种情况时，系统会依次进行如下处理。

（1）将两个运算对象的二进制位的右端对齐。

（2）将位数少的运算数的左端补全，无符号数和正整数的左端用 0 补全，负数则用 1 补全。

（3）对补全且对齐后的两个数进行位运算。

【例 2.12】分析以下语句执行后 c 的值是多少？

```
int a = 1, b = 2, c;
c=a^(b<<2);
```

【分析】b = 2 表示的二进制数为 00000010，经过移位操作后得到 00001000，将 00000001 与 00001000 异或得到 00001001，即十进制的 9。

【例 2.13】若要使程序的运行结果为 248，应在下划线处填入什么？

```
#include <stdio. h>
main()
{
short c=124;
    c=c_______;
    printf("% d\n",c);
}
```

【分析】短整型在存储时占用 16 位，按照移位运算，如果右移 2 位就相当于原数除以 4，结果为 31；如果左移 1 位相当于原数乘以 2，结果为 248。所以应填<<1。

【例 2.14】分析以下程序的输出结果。

```
#include <stdio. h>
main()
{
    int a=2,b=2,c=2;
    printf("% d\n",a/b&c);
}
```

【分析】因为算术运算符除法的优先级要高于按位与运算符的优先级，所以表达式 a/b&c 的计算过程是，首先进行 a/b 的运算，结果为 1，然后再和 c 进行按位与运算，其结果为 0。

知识拓展

变量命名的注意事项

1. 大小写不同

C 语言是区分大小写的，这意味着 myVariable 和 MyVariable 是两个不同的变量。在命名和使用变量时，要注意大小写的一致性，避免出现因大小写问题导致的错误。

2. 长度限制

虽然 C 语言标准没有严格规定变量名的最大长度，但不同的编译器和系统可能有不同的限制。一般来说，尽量保持变量名简洁明了，避免使用过长的变量名，以免影响代码的可读性和可维护性。

3. 避免使用易混淆的字符

尽量避免使用容易混淆的字符组合，如 l(小写字母 l)和 1(数字 1)、O(大写字母 O)和 0(数字 0)。例如，l1 这样的命名很容易让人看错，应尽量使用更清晰的命名。

4. 局部变量和全局变量的区分

如果程序中同时使用了局部变量和全局变量，要注意它们的命名不要引起混淆。可以通过命名风格或前缀来区分，例如，全局变量可以使用特定的前缀，如 g_，g_totalCount 表示全局的总计数变量。

5. 符合项目规范

如果是参与团队项目，要遵循团队制定的命名规范。不同的项目可能有不同的偏好和约定，统一的命名规范有助于提高团队协作效率和代码的一致性。

项 目 小 结

本项目主要介绍了 C 语言的基本数据类型。首先介绍了 C 语言对标识符的规定分类；其次介绍了整型数据、实型数据和字符型数据；再次介绍了常量和变量；最后介绍了 C 语言的运算符与表达式。通过本项目的学习，学生能够高效实现各种复杂的算法流程，提高计算与逻辑判断能力。

项 目 习 题

一、填空题

1. 若 a、b 和 c 均是 int 型变量，则执行表达式 a=(b=4)+(c=2)后，a 的值为________，b 值为________，c 值为________。

2. 若 a 是 int 型变量，且 a 的初值为 6，则执行表达式 a+=a-=a * a 后，a 的值为________。

3. 若 a 是 int 型变量，则执行表达式 a=25/3%3 后，a 的值为________。

4. 若 x 和 n 均是 int 型变量，且 x 和 n 的初值均为 5，则执行表达式 x+=n++后，x 的值为________，n 的值为________。

5. 若 x 和 y 都是 double 型变量，且 x 的初值为 3.0，y 的初值为 2.0，则表达式 pow(y，fabs(x))的值为________。

6. 若有定义：int e=1，f=4，g=2；float m=10.5，n=4.0，k；则执行赋值表达式 k=(e+f)/g+sqrt((double)n)*1.2/g+m 后，k 的值为________。

7. 表达式 8/4*(int)2.5/(int)(1.25*(3.7+2.3))值的数据类型为________。

8. 若有定义：int x=3，y=2；float a=2.5，b=3.5；则表达式(x+y)%2+(int)a/(int)b 的值为________。

9. 若 x 和 n 均是 int 型变量，且 x 的初值为 12，n 的初值为 5，则执行表达式 x%=(n%=2)后，x 的值为________。

10. 假设所有变量均为整型，则表达式(a=2，b=5，a++，b++，a+b)的值为________。

11. C 语言中的标识符只能由 3 种字符组成，它们是________、________和________，且第一个字符只能是________或________。

二、选择题

1. 下列可用于 C 语言用户标识符的一组是________。

   A. void、define、WORD　　B. a3_3、_123、Car

   C. For、-abc、IF Case　　D. 2a、DO、sizeof

2. 以下选项中可作为 C 语言合法常量的是________。

   A. -80　　B. -080　　C. -8e1.0　　D. -80.0e

3. 以下定义语句中正确的是________。

   A. int　a=b=0；　　B. char　a=65+1，b='b'；

   C. float　a=3.1%2；　　D. double　a=0.0；b=1.1；

4. 以下叙述中不正确的是________。

   A. 在 C 程序中，逗号运算符的优先级最低

   B. 在 C 程序中，APH 和 aph 是两个不同的变量

   C. 若 a 和 b 类型相同，在计算了赋值表达式 a=b 后 b 中的值将放入 a 中，而 b 中的值不变

   D. 对于赋值表达式 a=b，a 和 b 的数据类型必须一致

5. 在 C 语言中，运算对象必须为整型数的运算符是________。

   A. %　　B. \　　C. %和\　　D. *

三、程序分析题

1. 下面程序的输出结果是________。

```
#include <stdio.h>
main()
{
int x,y,z;
x=y=1;
```

```
z=x++,++y,y++;
printf("% d,% d,% d",x,y,z);
}
```

2. 下面程序的输出结果是________。

```
#include <stdio. h>
main()
{
int  a=1,b=2,c=3,x;
x=(a^b)&c;
printf("% d\n",x);
}
```

3. 有以下程序，其中%u 表示按无符号整数输出，程序运行后的输出结果是________。

```
#include <stdio. h>
main()
{
unsigned int x=0xFFFF;/*   x 的初值为十六进制数   */
printf("% u\n",x);
}
```

四、改错题

请修改下列程序，使其能够通过编译。

```
#include <stdio. h>
Main()
{
int a=6;b=8;
int c;
c=a*  b;
printf('% d',c);
}
```

五、简答题

1. C 语言中的数据类型主要有哪几类？

2. 字符常量与字符串常量有什么区别？

3. C 语言中的常量包括哪几类？各自是如何构成的？

4. 下述字符串常量的长度是多少？在内存中存储时各自占用的单元数又是多少？

（1）“Hello!”

（2）“ABC\n\\TH\064\?”

（3）“\xAB*\765\0abc=?”

项目3　算　法

项目导读

算法是为解决特定问题而规定的一系列操作步骤的集合，具有明确性、有限性、有效性、输入和输出等特性。例如，设计一个求两个整数最大公约数的算法，每一步操作都要清晰明确，不能模糊不清，且经过有限步骤必然能得出结果。本项目主要介绍算法的相关知识。

学习目标

- 掌握算法及算法的特性。
- 掌握算法的描述方法。
- 熟练使用流程图表示算法。
- 了解常用算法案例。

思政目标

- 培养学生将传统文化与C语言技术结合，使学生利用编程知识传承民族文化，增强文化自信。
- 培养学生信息检索与综合运用能力。

任务1　算法的基本知识

任务描述

算法是一套被精心设计出来用于解决特定问题的连贯且有序的操作步骤序列。它绝非杂乱无章的指令堆砌，而是有着严谨内在逻辑的流程规划。

任务分析

例如，在一个排序算法里，如果对比较大小的规则描述模糊，计算机将无从下手，程序必然出错。这就要求算法设计者在规划每一步时，都要字斟句酌，确保指令唯一，避免程序执行时陷入混乱。

任务重点与实施

3.1.1　程序设计的基本步骤

程序设计是运用计算机解决问题的一种方式，通常从对实例问题的分析着手，设计合适的算法，进而转化成某种计算机语言编写的程序并输入到计算机，经调试后执行这个程序，最终达到解决问题的目的。图3-1给出了利用计算机解决问题的基本过程。

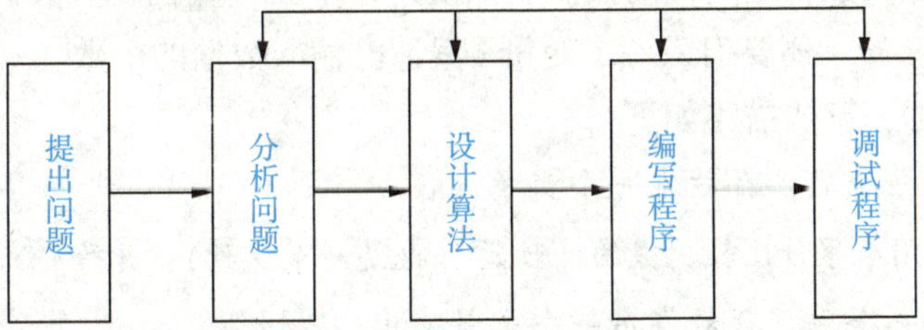

图3-1　利用计算机解决问题的基本过程

程序设计语言是实现“人机对话”的桥梁，程序设计的基本过程是指从确定任务到得到结果、写出文档的全过程，可以分成以下几个步骤。

(1)分析问题。首先对要解决的问题进行分析，对要处理的对象进行调查，研究所给定的条件，分析最后应达到的目标，找出解决问题的规律，选择解题的方法。

(2)设计算法。根据用户提出的要求，确定数据的组织形式和数据结构，针对数据结构来确定解决问题的方法和具体步骤。

(3)编写程序。使用选定的计算机语言编写程序代码，把流程图描述的算法用计算机语言描述出来，变成能由计算机运行的目标程序。

(4)调试程序。调试程序就是对送入计算机的程序进行编译、排错、试运行的过程，调试的结果是得到一个能正确运行的程序。程序中常见的错误有两种：一种是语法错误；另一种是逻辑错误。语法错误一般会在源程序被编译时由编译程序及时发现，因此比较容易排除，而程序的逻辑错误常常是潜在的。

3.1.2　算法的定义

做任何事情都有一定的步骤。为解决一个问题而采取的方法和步骤，就称为算法。计算机算法是为实现某个任务而构成的简单指令集，是有穷的计算过程。它规定了在程序中对数据进行正确处理的运算步骤。世界著名的计算机科学家 Nikiklaus Wirth 提出的公式为

数据结构+算法=程序

本书认为

程序=算法+数据结构+程序设计方法+语言工具和环境

以上 4 个方面是一个程序设计人员应具备的知识。在程序设计当中，算法是灵魂，数据结构是加工对象，算法解决的是“做什么”和“怎么做”的问题。程序中的操作语句，就是对算法的体现。计算机算法可分为以下两大类。

(1)数值运算算法：求解数值。

(2)非数值运算算法：事务管理领域。

下面通过实例说明如何根据问题给出确定的算法。

【例 3.1】输入 10 个数，找出其中最大的数，并输出。

【分析】解决此类问题的一般思路是引入一个变量 max 保存最大数。先将输入的第一个数存入 max，然后输入第二个数并与 max 比较，如果大于 max，则用它取代 max 的原值。再输入第三个数，做同样的操作。依次进行下去，直到所有数据输入完为止。

除了变量 max 外，还要引入一个变量 i 累计已输入数据的个数，一个变量 x 暂时存放当前输入的数据，算法描述如下。

步骤01 输入一个数，存放在一个变量 max 中。

步骤02 设置用来累计比较次数的计数器 i(也是一个变量)，并给 i 赋初值 1，即 1→i。

步骤03 输入一个数，存放在另一个变量 x 中。

步骤04 比较 max 和 x 中的数，若 x>max，则将 x 的值送入 max；否则，max 的值不变。

步骤05 i 增加 1，即 i+1→i。

步骤06 若 i<9，则返回 Step3，继续执行；否则，输出 max 中的数，此时 max 中的数即为最大数。

说明：在算法描述中经常使用“=>”或“→”表示赋值。

【例 3.2】求 1×2×3×4×5 的值。

(1)方法 1

步骤01 先求 1×2，得到结果 2。

步骤02 将 2 乘以 3，得到结果 6。

步骤03 将 6 再乘以 4，得 24。

步骤04 将 24 再乘以 5，得 120，这就是最后的结果。

以上步骤是按照常规数学方法计算得到的结果，这样的算法虽然是正确的，但表述起来过于烦琐。如果要计算 100 以内所有数的积，则要写 99 个步骤，这显然是不可取的。

对于此类问题需要进一步寻找规律。如果设两个变量，一个变量代表被乘数，一个变量代表乘数，每一步的乘积放在被乘数变量中，每做一次乘法运算后，使乘数的值增加 1，则可以使用循环算法求出结果。设 t 为被乘数，i 为乘数，具体表述如下。

(2)方法 2

步骤01 1→t。

步骤02 2→i。

步骤03 t×i→t。

步骤04 i+1→i。

步骤05 若i≤5，返回步骤Step3；否则，算法结束。

如果采用此方法来计算100，只需将Step5中i≤5改成i≤100即可。

该算法不仅正确，而且是用于计算机较好的算法，因为计算机是高速运算的自动机器，实现循环轻而易举。在确定算法时，对同一个问题，可能有不同的解决方法和步骤，即有多种算法。有的算法只需要很少的步骤，而有些算法则需要较多的步骤。一般而言，应该选择易于理解、简单、步骤少的算法。所以在进行算法设计时，不仅要保证算法的正确性，还要考虑算法的质量，选择合适的算法。

3.1.3 算法的特性

算法是指为解决某个特定问题而采取的确定且有限的步骤。一个算法应当具有以下5个特性。

(1)有穷性：一个算法包含的操作步骤应该是有限的。

(2)确定性：算法中每一条指令必须有确切的含义，不能有二义性，对于相同的输入必须能得到相同的执行结果。

(3)可行性：算法中指定的操作，都可以通过已经验证过可以实现的基本运算执行有限次后实现。

(4)有0个或多个输入：在计算机上实现的算法是用来处理数据对象的，在大多数情况下这些数据对象需要通过输入来得到。

(5)有一个或多个输出：算法的目的是为了求解，这些解只有通过输出才能得到(注意：算法要有一个以上的输出)。

任务2 算法的描述方法

任务描述

为了描述一个算法，可以用多种表示方法。常见的表示方法有自然语言、流程图、N-S图和伪代码等。当然，在计算机上运行的算法要用计算机语言来描述。

任务分析

例如，在尝试设计人工智能领域的简单机器学习算法初步框架时，伪代码助力用户提前演练编程语法运用，待到真正编写 C 语言代码时能够轻车熟路。

任务重点与实施

3.2.1　用自然语言表示算法

自然语言就是人们日常使用的语言。一般说来，用自然语言表示算法易于理解，但文字冗长，表示的含义也不太严格，往往要根据上下文来判断其正确含义，比较容易出现“歧义”。此外，对于包含分支或循环结构的算法，也不便于用自然语言描述。因此，除了很简单的问题外，一般不用自然语言表示算法。

3.2.2　用流程图表示算法

1. 传统的流程图

流程图是算法的图形描述工具。流程图表示算法，直观形象，易于理解。可以清晰地反映设计人员的思路，具有直观、清晰、易于学习和掌握的特点，是表示算法的较好的工具。一个流程图主要包括以下几个部分。

(1)表示相应操作的框。

(2)带箭头的流程线。

(3)框内外必要的文字说明。

ANSI 规定了一些常用的流程图符号(表 3-1)，目前已为世界各国程序设计人员普遍采用。

表 3-1　常用的流程图符号

流程图符号	名称	含义
	起止框	表示程序的开始或结束
	输入/输出框	表示输入或输出操作
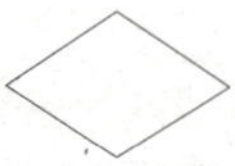	判断框	表示对一个给定条件进行判断，根据给定条件是否成立来决定如何执行其后的操作。它有一个入口、两个出口
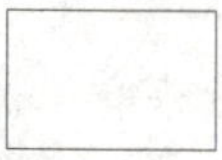	处理框	表示算法的某个处理步骤，一般内部常常填写赋值操作
	流程线	是一些带箭头的直线，用来表示程序执行的流向

（续表）

流程图符号	名称	含义
○	连接点	为流程图间断处使用的连接符号，圈中可以标注一个字母或数字。同一个编号的点是相互连接在一起的，实际上同一编号的点是同一个点，只是画不下才分开画

下面通过例子说明流程图的使用。

【例 3.3】用流程图表示例 3.1 的算法（求从键盘输入的 10 个数中的最大值）。如图 3-2 所示。其中菱形框两侧的"Y"和"N"分别表示"是"（yes）和"否"（no）。

【例 3.4】用流程图表示例 3.2 的算法（求 1×2×3×4×5 的值）。如图 3-3 所示。

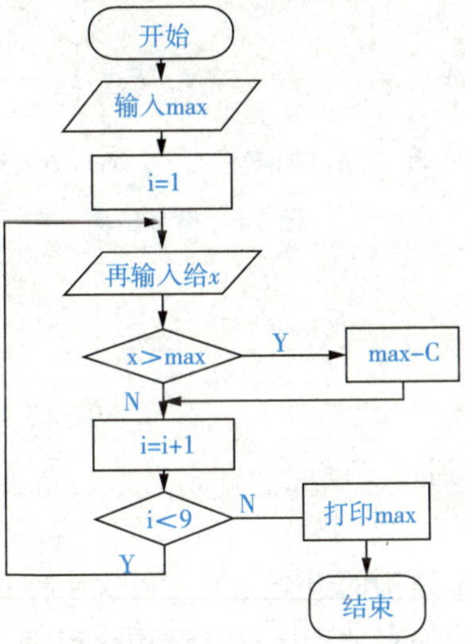

图 3-2　例 3.3 算法流程图

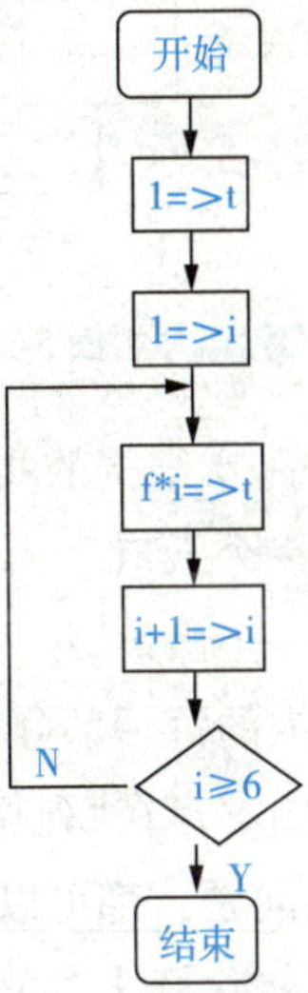

图 3-3　例 3.4 算法流程图

2. 用流程图表示 3 种基本结构

1966 年，Bohra 和 Jacopini 提出了以下 3 种基本结构，通常将这 3 种基本结构用作表示一个良好算法的基本单元。

（1）顺序结构，如图 3-4 所示。其中 A 和 B 两个框是顺序执行的，即先执行 A 的操作，再执行 B 的操作。顺序结构是最简单的一种基本结构。

（2）选择结构，也称为分支结构，如图 3-5 所示。在该结构中包含一个判断框，根据给定的条件 P 是否成立来选择是执行 A 的操作还是执行 B 的操作。值得注意的是，无论条件是否成立，只能在 A 或 B 中选择一个执行，不能既执行 A 的操作又执行 B 的操作。但是允许 A 或 B 中有一个是空的，即不执行任何操作。

（3）循环结构，也称为重复结构，即反复执行某一部分的操作。它又可分为以下两种类型。

① 当型（while 型）循环结构，如图 3-6（a）所示。它的功能是当给定的条件 P1 成立

时，执行 A 的操作，执行完成后，再判断条件 P1 是否成立，如果仍然成立，继续执行 A 的操作，如此反复执行，直到某一次条件 P1 不成立时为止，此时不再执行 A 的操作，退出该循环结构。

② 直到型(until 型)循环结构，如图 3-6(b)所示。它的功能是先执行 A 的操作，然后判断给定条件 P2 是否成立，如果条件不成立，再执行 A 的操作，执行完成后，再对条件 P2 作判断，如果仍然不成立，继续执行 A 的操作，如此反复执行，直到给定的条件 P2 成立时才停止执行 A 的操作，退出该循环结构。

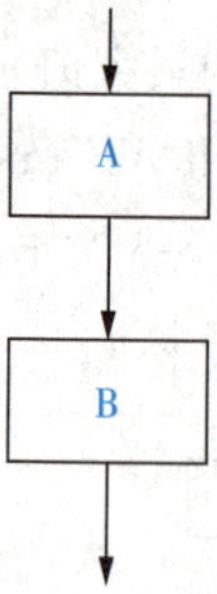

图 3-4　顺序结构

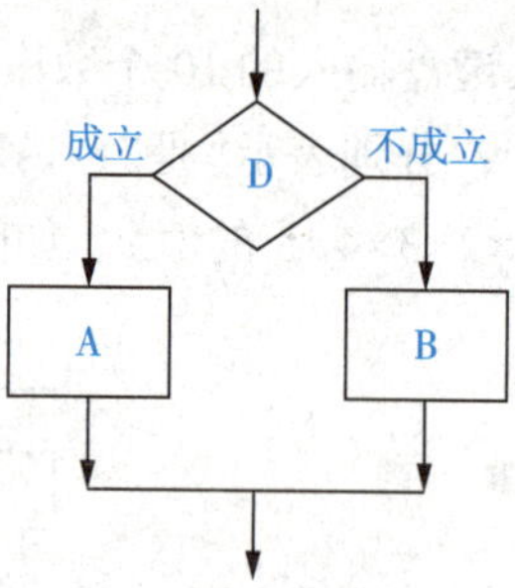

图 3-5　选择结构

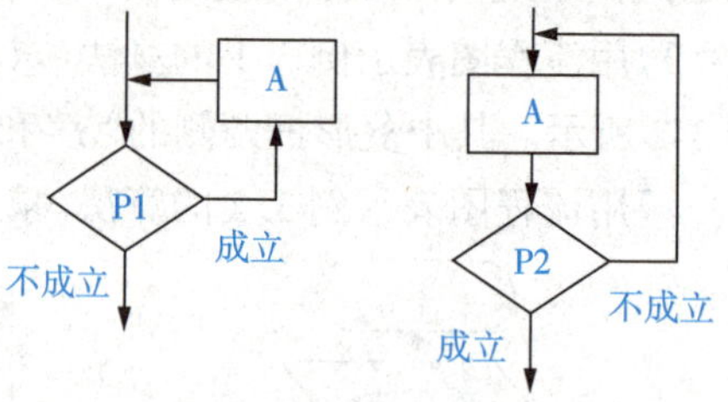

（a）while(当型)循环　（b）until(直到型)循环

图 3-6　循环结构

以上 3 种基本结构的共同特点如下。

(1)只有一个入口。

(2)只有一个出口。

(3)结构内的每一部分都有机会被执行到。

(4)结构内不存在“死循环”。

任何复杂问题，都可以通过这 3 种基本结构的组合完成。由这 3 种基本结构组成的算法属于结构化算法，由这 3 种基本结构编写的程序就是结构化程序，这种程序便于编写、阅读、修改和维护。

用流程图表示的算法直观形象，比较清楚地显示出各个框之间的逻辑关系，因此得到广泛使用。每一个程序编制人员都应当熟练掌握流程图，会看会画。通常，绘制流程图可以使用流程图设计工具，如 Visio。

3.2.3　用 N-S 图表示算法

在传统流程图中，由于流程线的随意性，易使流程图变得毫无规律，大大降低了算法的可读性，随着问题规模和复杂程度的增加，流程图的结构将变得非常复杂。1973 年美国学者 Nassi 和 Shneiderman 提出了一种新的流程图形式——N-S 图。它完全去掉了流程图中引起麻烦的流程线，全部算法写在一个矩形框内，在该框内还可以包含其他的从属于它的框。这种流程图非常适用于结构化的程序设计。

N-S 图中规定了 5 种基本图形构件，如图 3-7 所示。

(1)图 3-7(a)表示按顺序先执行 A 操作，再执行 B 操作。

(2)图 3-7(b)表示若条件 P 成立执行 A 操作，否则执行 B 操作。

(3)图 3-7(c)和图 3-7(d)表示两种类型的循环结构，P 为循环条件，A 为重复执行的操作。图 3-7(c)是当型循环结构，先判断条件 P 是否成立，再执行 A 操作；图 3-7(d)是直到型循环结构，先执行 A 操作，再判断条件 P 是否成立。

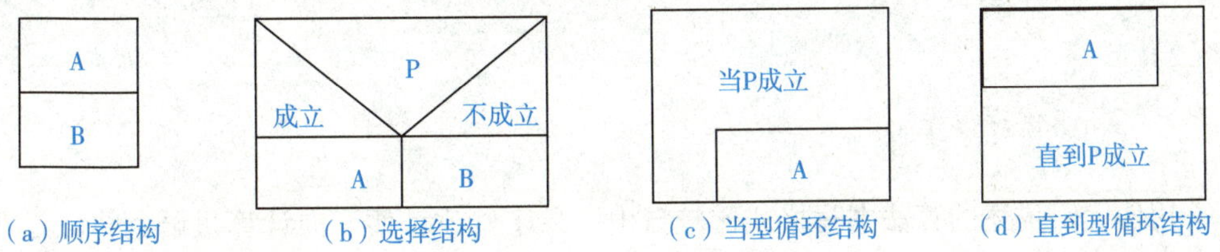

图 3-7　N-S 图基本图形构件

下面给出两个 N-S 图表示算法的例子。

【例 3.5】用 N-S 图表示例 3.1 的算法，如图 3-8 所示。

【例 3.6】用 N-S 图表示求 1×3×5×7×9 的算法，如图 3-9 所示。

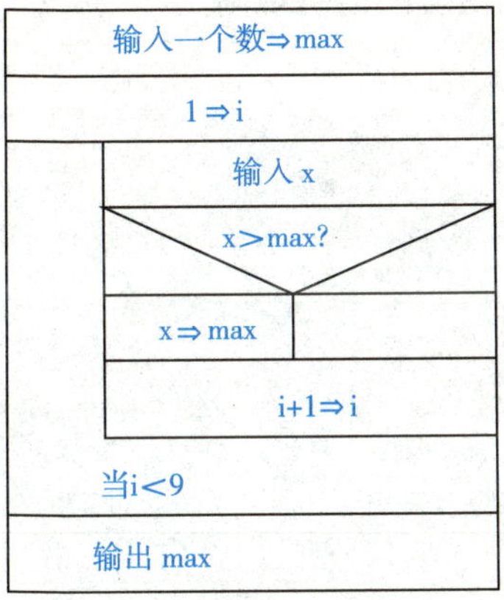

图 3-8　例 3.5 算法 N-S 图

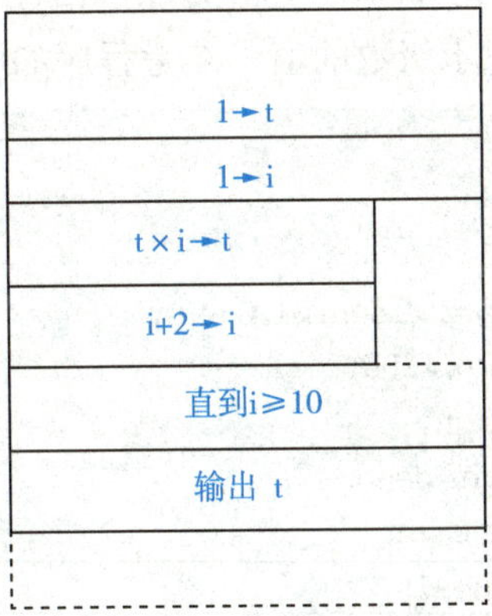

图 3-9　例 3.6 算法 N-S 图

3.2.4　用伪代码表示算法

伪代码使用介于自然语言和计算机语言之间的文字和符号来描述算法。

【例 3.7】用伪代码表示例 3.2 的算法。

采用当型循环，用伪代码表示例 3.2 的算法，描述如下。

```
开始
置 t 的初值为1
置 i 的初值为1
当 i<10，执行正面操作：
使 t = t*i
使 i = i+2
（循环到此结束）
打印 t 的值
结束
```

或者写成：

```
BEGIN（算法开始）
1=> t
1=> i
while   i <10
    {   t*i => t
        i+2 => i
    }
  print   t
END（算法结束）
```

用伪代码描述的算法书写格式比较自由，易于修改，便于向计算机语言算法过渡。但是，它不如流程图或 N-S 图直观，且容易出现逻辑上的错误。因此，该方法一般为软件专业人员所使用。

3.2.5 用计算机语言表示算法

用计算机语言表示算法必须严格遵循所用语言的语法规则。

【例 3.8】求级数的值。参考程序如下：

```
main()
{
int sigh =1;
float deno =2. 0,sum =1. 0,term;
while(deno < =100)
{ sigh =  -sigh;
term =  sigh/ deno;
sum =sum+term;
deno =deno+1;
}
printf("% f",sum);
```

任务 3　算法设计案例

任务描述

算法设计案例有助于构建系统的算法知识体系，能将零散的算法知识串珠成链，从基础数据处理算法到复杂决策优化算法，逐步完善知识架构。

任务分析

算法可分为两大类别：数值运算算法和非数值运算算法。数值运算的目的是得到数值解，例如，求解方程的根或函数的定积分运算等。而非数值运算应用的范围更为广泛，最常见的是用于事务管理领域，例如，信息检索、人事管理等。

任务重点与实施

3.3.1 顺序结构算法设计

【例 3.9】有两个变量 x 和 z，要求将它们的值互换。

在程序设计中，这是一个极为常见的问题。为了进行两个变量的互换，需要引入第三个变量进行过渡(就像将一瓶醋和一瓶酱油互换，必须找一个空瓶子作为过渡一样)，在这里引入变量 t。算法描述如下。

步骤01 x→t（将 x 的值赋给变量 t)。

步骤02 y→x(将 y 的值赋给变量 x)。

步骤03 t→y(将 t 的值赋给变量 y)。

经过以上 3 个步骤，实现了两个变量值的交换。

3.3.2 选择结构算法设计

【例 3.10】个人所得税采用分段计算的方法，收入越高，征收的税率也越高。设某个城市的征收标准如下。

起征点：1 000 元，即 1 000 元以下的部分不征税。

1 000 ~ 1 500 元部分，按 5％税率征收。

1 500 ~ 4 000 元部分，按 10％税率征收。

4 000 元以上部分，按 20％税率征收。

要求编写程序，根据输入的月收入计算并显示应纳所得税额，保留两位小数。

【分析】该问题属于分段函数的应用，首先要根据题意给出函数表达式。设工资为 x，个人所得税额为 p，则由题意可得如下函数表达式：

$$p=\begin{cases}0 & (x\leqslant 1\,000)\\ 0.05*(x-1\,000) & (1\,000<x\leqslant 1\,500)\\ 500*0.05+0.1*(x-1\,500) & (1\,500<x\leqslant 4\,000)\\ 500*0.05+0.1*2\,500+0.2*(x-4\,000) & (x>4\,000)\end{cases}$$

对于分段函数问题主要是判断变量的取值范围，根据变量的取值来决定选择哪一个表达式进行计算。

例如，若某人月收入为 2 800 元，因为 1 500<2 800≤4 000，符合第 3 个表达式，所以此人应纳所得税额为

500 * 0.05+(2 800−1 500) * 0.1 = 155 元

用传统流程图描述算法如图 3-10 所示。

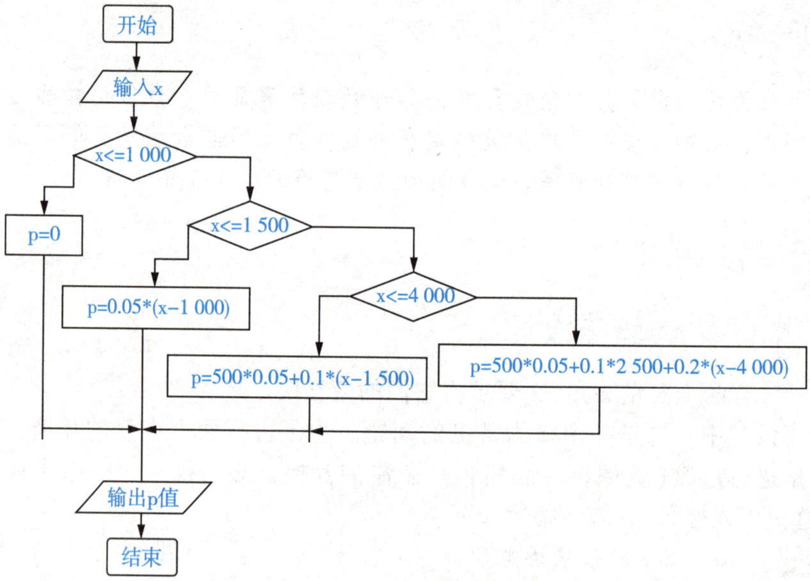

图 3-10　例 3.10 算法流程图

3.3.3　循环结构算法设计

循环结构算法设计常用于解决：连乘问题，如求正整数 n!；累加问题，如求 $\sum_{n=1}^{100} n$；累试问题，如中国古典《算经》中提出的“百鸡问题”；递推问题，如杨辉三角形；最值；排序问题等。

累试问题就是要求对可能是解的众多候选解按某种顺序进行逐一枚举和检验，并从中找出那些符合要求的候选解作为问题的解。

递推问题实际上是需要将问题抽象为一种递推关系，然后按递推关系求解。递推通常表现为两种方式：一是从简单推到一般；二是将一个复杂问题逐步推到一个已知解的简单问题。这两种方式反映了两个不同的递推方向，前者往往用于计算级数，后者与“回归”配合成为递归算法。

【例 3.11】张丘建《算经》中提出“百鸡问题”：鸡翁一值钱五，鸡母一值钱三，鸡雏三值钱一，百钱买百鸡。问鸡翁、鸡母、鸡雏各几何？

【分析】鸡翁、鸡母、鸡雏分别用变量 cocks、hens、chicks 表示，它们具有以下关系。

cocks + hens + chicks = 100

5 * cocks +3 * hens + chicks/3 =100

其中，0≤cocks≤19；0≤hens≤33；0≤chicks≤100。

解题思路：依次取 cocks 的值域中的值，然后求其余两数，判断是否合乎题意。

算法描述如下。

```
cocks =0
当 cocks≤19 时
  {找满足题意的 hens, chicks 数
```

```
    cocks 加1
  }
  对于找满足题意的hens, chicks数可细化如下:
  cocks =0
  当cocks≤19 时
    { hens =0
     当 hens≤33 时
  {找满足题意的 chicks 数
     hens 加1
     }
    cocks 加1
  }
  对于找满足题意的chicks数进一步细化如下:
  cocks =0
  当cocks≤19 时
    {hens =0
     当 hens≤33 时
    { chicks =100-cocks-hens
     如果满足(5 *  cocks +3*  hens + chicks/3  =100)则输出
         hens 加1
         }
       cocks 加1
  }
```

知识拓展

结构化程序设计方法

目前，程序设计的方法有两大类：一类是面向过程的结构化程序设计方法；另一类是面向对象的程序设计方法。本书主要介绍结构化程序设计方法，它是进行各类程序设计的基础，有助于程序设计思想的形成和理解。

结构化程序设计是进行以模块功能和处理过程设计为主的详细设计的基本原则。结构化程序设计方法是基于模块化、自顶向下、逐步细化和结构化程序设计等程序设计技术而发展起来的。用这种方法设计的程序称为结构化程序，它强调程序设计风格和程序结构的规范化，提倡清晰的结构。

结构化程序设计的基本思路是：对实际问题进行分析，先从整体出发，把一个大问题或较复杂的问题分解为若干个相对独立的子问题，对每个子问题可以再细化为若干个低一层的子问题，直到子问题便于在计算机上实现，是自顶向下、逐步细化的解题方法，如图 3-11 所示。

在计算机上解决各个子问题，就是设计相应功能的子程序，即功能模块。这些模块功能相对独立且专一，便于用相关算法实现，这就大大降低了程序设计的复杂程度。开发员将整个程序结构映射到单个小部分。已定义的函数或相似函数的集合在单个模块或子模块中编码，这意味着代码能够更有效地载入存储器，模块能在其他程序中再利用。模块单独测试之后，与其他模块整合起来形成整个程序组织。

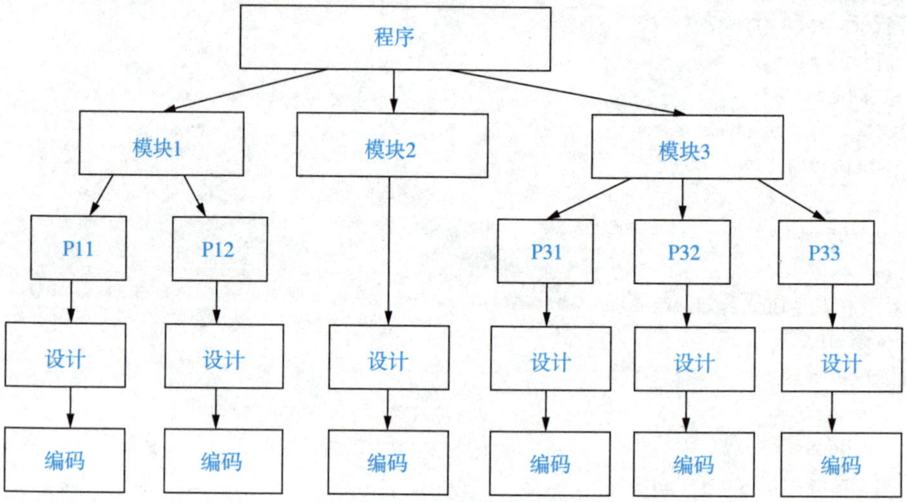

图 3-11　结构化程序设计方法

项目小结

本项目主要介绍了算法的描述方法。首先介绍了算法的定义和特性；其次介绍了表示算法的几种方法，包括用自然语言、用流程图、用 N-S 图和用伪代码等内容；最后介绍了算法的设计案例。通过本项目的学习，学生能够了解算法的基本原理、设计方法和分析技巧，提高逻辑思维能力、问题解决能力以及运用计算机高效处理实际问题的水平。

项目习题

一、填空题

1. 程序=算法+__________+__________+语言工具和__________。
2. 算法是指为解决__________而采取的确定且有限的__________。
3. 起止框表示__________的__________或__________。

二、简答题

1. 程序设计的基本过程可以分为哪几个步骤？
2. 计算机算法可分为哪几大类？
3. 一个算法应当具有哪 5 个特性？
4. Bohra 和 Jacopini 提出了哪 3 种基本结构？并简述这 3 种基本结构的共同特点。

项目4 顺序结构程序设计

项目导读

顺序结构程序设计是解决实际问题的得力工具。大量现实场景中的简单任务都能通过它高效完成。以超市收银系统为例，录入商品单价、数量，接着计算总价，最后打印小票，整个流程完美契合顺序结构。本项目主要介绍顺序结构程序设计的相关知识。

学习目标

- 掌握C语言语句和赋值语句。
- 掌握数据格式化输入与输出函数。
- 熟悉字符数据输入与输出函数。
- 了解顺序程序设计。

思政目标

- 促进学生注重职业素养和团队精神的引领，培养学生的沟通能力及团队合作意识。
- 培养学生探索问题的发展规律，提出问题、解决问题的科研素养，运用程序思维去处理问题。

任务1 C语言语句和赋值语句

任务描述

顺序结构，就是指按照语句在程序中的先后次序一条一条地顺次执行。在顺序结构的程序中，所有语句都严格按照它们在程序中书写的先后顺序，由上到下、从左至右依次逐条执行，只有在上一条语句执行完以后，才能执行下一条语句。这种程序结构是3种基本结构中最简单的一种。

任务分析

C语言程序的执行部分是由语句组成的。C语言最重要的一个特点就是分号作为每条语句的结束符，不可缺少或省略。编写程序时，可以在一行上写多条语句，也可以将一条语句写在多行上。

任务重点与实施

4.1.1 C语言语句

C语言程序是区分大小写的，要特别注意，C语言的关键字和基本语句都是用小写字符表示的。C语言语句可分为表达式语句、函数调用语句、控制语句、复合语句、空语句5类。

1. 表达式语句

表达式语句由表达式加上分号“;”组成。其一般形式为：

```
表达式;
```

执行表达式语句就是计算表达式的值，其作用一般是改变变量的值。例如：

```
a =10;     /*  赋值语句,将 10 赋给变量 a,执行后变量 a 的值变为 10 */
d+e;      /*  加法运算语句,但计算结果不能保留,无实际意义 */
i++;      /*  自增 1 语句,i 值增 1 */
```

还应该注意的是，有一些求值表达式并没有改变变量的值，由它们组成的语句虽然可以求出表达式的值，但在程序中是没有实际意义的。例如：

```
x+y;
```

这是一条合法的语句，但执行后，其对程序的运行结果不产生任何影响。

2. 函数调用语句

函数调用语句由函数名、实际参数加上分号“;”组成。其一般形式为：

```
函数名(实际参数表);
```

执行函数调用语句就是调用函数体并把实际参数赋予函数定义中的形式参数，然后执行被调函数体中的语句，求取函数值，或完成函数的功能。在这里函数调用以语句的形式出现，它与前后语句之间的关系是顺序执行的。

例如：

```
scanf("% f",&x);/*  输入函数调用语句,输入变量 x 的值*/
printf("% f",x);/*  输出函数调用语句,输出变量 x 的值*/
```

说明：函数调用语句由函数调用表达式后跟一个分号组成，其作用主要是完成特定的任务。还要注意以下几点。

(1)要在程序中包含相应的头文件。例如：

```
#include <stdio. h>
#include <math. h>
```

(2)库函数调用规则。

库函数调用的一般形式为：

```
函数名(参数表);
```

调用函数有的是为了得到函数的返回值，如数学函数等。这类函数的调用出现在表达式中，不作为函数调用语句，而是作为表达式语句的一部分。例如，求 sin x 的函数的语句：

```
y1 = sin(1. 7);
y2 = 3*sin(3. 14159*x/180);
y3 = 2*sin(++x* 3. 14159/180)+10;
```

在表达式中调用函数，实际上是转去执行一段预先设计好的程序，求出结果后返回调用点，所以函数的值又称为函数的返回值。

调用函数时，要特别注意函数的返回值、参数个数和类型以及参数的顺序。

3. 控制语句

控制语句由特定的语句定义符组成，用于控制程序的流程，以实现程序的各种结构方式。C 语言有 9 种控制语句，可分成以下 3 类。

(1)条件判断语句：if 语句、switch 语句。

(2)循环执行语句：do while 语句、while 语句、for 语句。

(3)转向语句：break 语句、goto 语句、continue 语句、return 语句。

4. 复合语句

把多个语句用花括号“{}”括起来组成的一个语句称为复合语句。在程序中应把复合语句看成单条语句，而不是多条语句。例如：

```
{
temp =a;
a =b;
b =temp;
}
```

这是一条复合语句。复合语句内的各条语句都必须以分号“;”结尾，在“}”外不加分号。

一般情况下，凡是允许出现语句的地方都允许使用复合语句。在程序结构上，复合语句被看作一个整体，因此在程序中应把它看成单条语句，只是内部可能完成了一系列工作。

5. 空语句

只由分号“;”组成的语句称为空语句。空语句什么也不做。它不产生任何动作，表示这里可以有一个语句，但目前不需要做任何工作。

在程序中空语句可用来作空循环体(循环体是空语句，表示循环体什么也不做)。

(1)用空语句作空循环体。

```
while(getchar()! ='\n')
;
```

整个语句的功能是从键盘输入字符，如果输入的不是换行字符“\n”就循环执行空语句，直到输入的字符是“\n”字符才结束循环。

这里的循环体为空语句。

```
for(i =0;i <100;i++)
;
```

其中“;”为循环体部分，可能表示一个延时，也可能表示目前什么工作都不做。

(2)空语句也可用在条件语句中。例如：

```
if(…)
  ;           /*  ";"表示如果 if 条件成立,则什么都不做 */
…
else         /*  如果 if 条件不成立,则执行以下操作 */
{…}
```

4.1.2 赋值语句

赋值语句是表达式语句中最常见的一种语句，它是程序中使用最多的语句之一。它由赋值表达式加分号构成。其一般形式为：

```
变量 =表达式;
```

C 语言的赋值语句在执行时，先计算赋值运算符右边表达式的值，然后将此值赋给赋值运算符左边的变量。

在赋值语句的使用中，需要注意以下几点。

(1)由于在赋值运算符“=”右边的表达式也可以是一个赋值表达式，因此，下述形式是成立的，从而形成嵌套的情形。

```
变量 =(变量 =表达式);
```

其展开之后的一般形式为：

```
变量 =变量 =… =表达式;
```

例如：

```
a =b =c =d =e =100;
```

按照赋值运算符的右结合性，其实际上等效于：

```
e=100;
d=e;
c=d;
b=c;
a=b;
```

(2)注意在变量说明中给变量赋初值和赋值语句的区别。

给变量赋初值是变量说明的一部分，赋初值后的变量与其后的其他同类变量之间仍必须用逗号间隔，而赋值语句则必须用分号结尾。例如：

```
int m=15,n,t;
```

(3)在变量说明中，不允许连续给多个变量赋初值。

例如，下述语句是错误的。

```
float x=y=z=10.2;
```

必须写为

```
float x=10.2, y=10.2, z=10.2;
```

而赋值语句允许连续赋值。

(4)注意赋值表达式和赋值语句的区别。

赋值表达式是一种表达式，它可以出现在任何允许表达式出现的地方，而赋值语句则不能。赋值表达式是可以被包括在其他语句之中的；反之，赋值语句却不能出现在表达式中。

下述语句是合法的：

```
if((a=b+28)>0) c=a;
```

语句的功能是：若表达式 a=b+28 大于 0，则 c=a。

下述语句是非法的：

```
if((a=b+28;)>0) c=a;
```

因为“a=b+28;”是语句，不能出现在表达式中。

在程序设计时，一定要学会灵活使用赋值语句。例如，要实现将两个变量 a 和 b 的值进行互换，初学者常犯如下的错误：

```
a=b; b=a;
或
b=a; a=b;
```

显然，对于这两种写法，在执行前一条赋值语句时，将赋值运算符“=”右边变量的值赋给了赋值运算符“=”左边的变量，已经改变了被赋值变量原来的值，再执行后一条语句，使得两个变量的值都变成了原来 a 或 b 的值，并没有完成两个变量值的互换。因此，为了避免丢失其中一个变量的值，往往先将其值保存到另外的一个临时变量中去，然后再进行赋值，即

```
w =a; a =b; b =w;
```

或

```
w =b; b =a; a =w;
```

当然，也可以不用临时变量，而采用简单的加、减运算来实现，例如：

```
a =a+b; b =a-b; a =a-b;
```

也可以写为：

```
a+=b; b =a-b; a-=b;
```

任务 2　数据格式化输入与输出

任务描述

为了让计算机处理各种数据，首先应该把源数据输入到计算机中；计算机处理结束后，再将目标数据信息以人能够识别的方式输出。C 语言中的输入输出操作，是由 C 语言编译系统提供的库函数来实现的。

任务分析

在 C 语言中，所有的数据输入/输出都是由库函数完成的。在使用 C 语言库函数时，要用预编译命令#include 将有关的“头文件”包括到源文件中。

使用标准输入输出库函数时要用到“stdio. h”文件，因为它们的函数原型在头文件“stdio. h”中。因此源文件开头应有以下预编译命令：

```
#include <stdio.h>
```

或

```
#include "stdio.h"
```

stdio 是 standard input &outupt 的意思。考虑到 printf 和 scanf 函数使用频繁，系统允许在使用这两个函数时不加预编译命令。

任务重点与实施

4.2.1　printf 函数（格式化输出函数）

printf 函数称为格式化输出函数，在 C 语言程序中，用于输出数据的主要函数就是 printf 函数。printf 函数不仅可以输出变量的值，还可以输出表达式的值，并且可以同时按格式输出多个不同类型的数据。其关键字最末一个字母 f 即为“格式”(format)之意。其功能是按用户指定的格式，把指定的数据显示到显示器屏幕上。

(1)调用形式

printf 函数调用的一般形式为：

```
printf("格式控制字符串",输出表列);
```

其功能就是按照格式控制字符串的要求，将输出表列的值显示在计算机屏幕上。

格式控制字符串用于指定输出格式。格式控制字符串可由格式字符串和非格式字符串两种组成。格式字符串是以%开头的一个或多个字符，在%后面跟有各种格式字符，以说明输出数据的类型、形式、长度、小数位数等。

非格式字符串在输出时原样输出，在显示中起提示作用。输出表列中给出了各个输出项，格式字符串和各输出项在数量和类型上应该一一对应。printf 函数将输出表列中的数据转换为格式控制字符串中对应的指定格式进行输出。

【例 4.1】printf 函数使用示例。

参考程序如下：

```
#include <stdio. h>
int main()
{
   int a =2,b =8;                /* 定义两个整型变量 a,b*/
   printf("a =% d, b =% d\n a+b =% d\n",a,b,a+b);
   return 0;
}
```

程序运行结果如下：

```
a =2, b =8
a+b =10
```

本例中双引号中的 3 个“%d”为格式字符串，“\n”为换行符，其余的“a =”“b =”“a+

b="为按原样输出的字符串，双引号后面的 3 个数据"a，b，a+b"为需要输出的数据。

(2)格式控制

格式控制由格式控制字符串实现，由普通字符、转义字符和格式说明部分 3 部分组成。

① 普通字符：普通字符在输出时，按原样输出，主要用于输出提示字符信息。例如：

```
printf("Hello!");
```

执行后屏幕上显示：

```
Hello!
```

② 转义字符：转义字符指明特定的操作，对输出形式进行控制，如"\n"表示换行，"\t"表示水平制表等。

③ 格式说明部分：由%和格式字符串组成。它表示按规定的格式输出数据。

格式说明的形式为：

```
% [flags][width][. prec][F|N|h|L] type
```

或者翻译成中文：

```
% [标志][输出最小宽度][精度][长度]类型
```

其中，方括号中的项为可选项，这些可选项为附加格式说明字符，用于对格式字符所指定的格式进行修饰。各项的意义介绍如下。

④ 标志：标志字符为"-""+""#"和空格 4 种，其含义说明如表 4-1 所示。

表 4-1　标志字符含义说明

标志	含义说明
-	结果左对齐，右边填空格
+	输出符号(正号或负号)
#	对 c、s、d、u 类无影响；对 o 类，在输出时加前缀 o；对 x 类，在输出时加前缀 0x；对 e、g、f 类，当结果有小数时才给出小数点
空格	输出值为正时冠以空格，为负时冠以负号

⑤ 输出最小宽度：用十进制整数来表示输出的最少位数。若实际位数多于定义的宽度，则按实际位数输出；若实际位数少于定义的宽度，则补以空格或 0。

⑥ 精度：精度格式符以"."开头，后跟十进制整数。本项的意义是：如果输出的是数字，则表示小数的位数；如果输出的是字符，则表示输出字符的个数；若实际位

数大于所定义的精度数，则截去超过的部分。

⑦ 长度：长度格式符为 h 和 l 两种，h 表示按短整型量输出，l 表示按长整型量输出。

⑧ 类型：类型字符用以指示输出的数据类型，不同类型的数据应该使用相对应类型的格式字符说明其输出形式，常用的格式字符及其含义说明如表 4-2 所示。

表 4-2　常用的格式字符及其含义说明

格式字符	含义说明
d	以十进制形式输出带符号整数(正数不输出符号)
o	以八进制形式输出无符号整数(不输出前缀 0)
x，X	以十六进制形式输出无符号整数(不输出前缀 0x)
u	以十进制形式输出无符号整数
f	以小数形式输出单、双精度实数
e，E	以指数形式输出单、双精度实数
g，G	以%f 或%e 中较短的输出宽度输出单、双精度实数
c	输出单个字符
s	输出字符串

(3) 常用输出项表格式

① %d：按带符号的十进制形式输出整型数据，数据长度为实际长度。

其常用形式如下：

```
% [-][0][m][l]d
```

%[0]md 格式中，m 表示输出字段宽度，以 m 指定的字段宽度输出。若实际位数小于 m，则左端补空格。若 m 前面有 0，则左端补 0。

%-[0]md 格式中，以 m 指定的字段宽度输出。若数据实际位数小于 m，则右端补空格。若 m 前面有 0，则右端补 0。例如：

```
a =10;
printf("% d, %3d, % -3d, %03d", a, a, a, a);
```

输出结果是：

```
10,_10,10_,010            ("_"表示一个空格)
```

② %ld：输出长整数。

例如：

```
long a =1234567;
printf(" % ld", a);           /* 如直接用%d,则将发生错误。*/
```

其输出结果是：

```
1234567
```

长整型数据同样可以使用其他附加格式说明字符，例如，要指定宽度，则用%mld即可。将上面 printf 函数中的“%ld”改为“%8ld”，则输出的结果是：

```
_1234567          ("_"表示一个空格)
```

③ %o：按整型数据的实际长度，以无符号的八进制数形式输出整数。输出时，将内存单元中的二进制数(包括符号位)直接转换成八进制数输出，因此，输出的数值不带符号。

注：连符号位一起组成八进制数输出。如以长整型输出，在%后加 l，也可指定宽度 m、%mo。

④ %x：按整型数据的实际长度，以无符号的十六进制数形式输出整数。输出时，将内存单元中的二进制数(包括符号位)直接转换成十六进制数输出，因此，输出的数值不带符号。

⑤ %c：输出一个字符。c 格式可用于输出一个数值在 0～255 范围内的整数，输出结果为这个数对应的 ASCII 字符。同样，一个字符数据也可以按整型数形式输出。

【例 4.2】字符数据的输出。

参考程序如下：

```
#include <stdio.h>
int main()
{
   char x='a';
   int i = 97;
   printf("%c, %d\n",x,x);
   printf("%c, %d\n",i,i);
   return 0;
}
```

程序的运行结果是：

```
a,97
a,97
```

⑥ %mc：以字符形式输出一个字符，m 指定输出的宽度，左端补空格。例如：

```
char   c='a';
printf("%c", c);
```

注：若有一整型变量，其值在 0～255 之间，则可以字符形式输出。也可以指定输出字符宽度，如：

```
printf("%3c", c)
```

则输出：" a"，即 c 变量输出占 3 列，前 2 列补空格。

⑦ %f：按小数形式输出单、双精度十进制实数，有以下几种形式：

```
%f
%m.nf
%-m.nf
```

%f 不指定字段宽度，由系统自动指定，使整数部分全部如数输出，并输出 6 位小数(用四舍五入或右边补 0 满足小数位数)。应当注意，并非输出数据的所有位数都是有效位数，一般单精度实数的有效位数为 7 位，双精度实数的有效位数为 16 位，超出的位数是无意义的。因此，输出的数据不一定都是准确的。

%m.nf 指定输出的数据共占 m 列，其中有 n 位小数。如果值长度小于 m，则左端补空格。%-mn.f 与%m.nf 基本相同，只是使输出的数值向左端靠，右端补空格。

【例 4.3】单精度实数的输出。

参考程序如下：

```
#include <stdio.h>
int main()
{
   float x,y;
   x=111111.111;
   y=222222.222;
   printf("%f\n",x+y);
   return 0;
}
```

程序运行的结果是：

```
333333.328125
```

可以看出只有前 7 位数字是有效数字，小数点后的 5 位数字是无意义的。

【例 4.4】单、双精度实数的输出。

参考程序如下：

```
#include <stdio.h>
int main()
{
   int a=15;
   float b=123.1234567;
   double c=12345678.1234567;
   char d='p';
   printf("a=%d,%5d,%o,%x\n",a,a,a,a);
   printf("b=%f,%lf,%5.4lf,%e\n",b,b,b,b);
   printf("c=%lf,%f,%8.4lf\n",c,c,c);
   printf("d=%c,%8c\n",d,d);
   return 0;
}
```

运行结果如图 4-1 所示。

```
a=15,    15,17,f
b=123.123459,123.123459,123.1235,1.231235e+002
c=12345678.123457,12345678.123457,12345678.1235
d=p,       p
Press any key to continue
```

图 4-1　例 4.4 运行结果

本例第一个 printf 函数中以 4 种格式输出整型变量 a 的值，其中“%5d”要求输出宽度为 5，而 a 值为 15 只有两位故补 3 个空格。第八行中以 4 种格式输出实型量 b 的值。其中“%f”和“%lf ”格式的输出相同，说明 l 符对 f 类型无影响。“%5. 4lf”指定输出宽度为 5，精度为 4，由于实际长度超过 5 故应该按实际位数输出，小数位数超过 4 位部分被截去。第九行输出双精度实数，“%8. 4lf”由于指定精度为 4 位故截去了超过 4 位的部分。第十行输出字符量 d，其中“%8c ”指定输出宽度为 8 故在输出字符 p 之前补加 7 个空格。

4. 2. 2　scanf 函数(格式化输入函数)

C 语言中具有基本数据输入功能的库函数是 scanf 函数。scanf 函数称为格式化输入函数，即按用户指定的格式从键盘上把数据输入到指定的变量之中。其函数名最后一个字母 f 即为“格式”(format)之意。

(1)scanf 函数的一般形式

scanf 函数是一个标准库函数，它的函数原型在头文件“stdio. h”中，与 printf 函数相同，C 语言也允许在使用 scanf 函数之前不必包含“stdio. h”文件。

scanf 函数的一般形式为：

```
scanf("格式控制字符串",地址表列);
```

其中，格式控制字符串的作用与其在 printf 函数中的作用相同，但不能显示非格式字符串，也就是不能显示提示字符串。地址表列中给出各变量的地址。地址是由地址运算符“&”后跟变量名组成的，表明每个输入项应存储的位置。这个地址可以是变量的地址或字符串的首地址，书写时各地址间用逗号分隔。例如：

```
&a, &b
```

分别表示变量 a 和变量 b 的地址。

这个地址就是编译系统在内存中给 a，b 变量分配的地址。变量的地址是 C 语言编译系统分配的，用户不必关心具体的地址。

执行 scanf 函数时，要求用户从键盘输入数据，如果数据不止一个，应在数据之间用一个或多个空格间隔，也可以用回车键或跳格键(Tab 键)间隔。

【例 4.5】scanf 函数的使用。

参考程序如下：

```
#include <stdio. h>
int main()
{
   int a,b;
   scanf("% d% d ",&a,&b);
   printf("% d, % d\n",a,b);
return 0;
}
```

运行时，如果输入 a，b 的值为 10 和 12，则运行结果是：

```
10,12
```

程序中 scanf 函数的作用是：按照 a，b 在内存中的地址将用户输入的数据依次存进去，即 10 存入 a，12 存入 b。

格式输入函数执行结果是将键盘输入的数据流按格式转换成数据，存入与格式相对应的地址指向的存储单元中。scanf 函数的格式控制字符串后的地址表列中只能是地址，否则将产生错误。下列 scanf 函数的调用是错误的：

```
scanf("% d% d",a,b);          /* 常见错误表示 01*/
scanf("% d% d",a+b);          /* 常见错误表示 02*/
```

a，b 表示的是变量 a 和 b 的值，不是地址。这种错误是初学者最容易犯的，这也是 scanf 函数和 printf 函数不同之处。

```
printf("% d",i);              /* 将变量 i 的值输出*/
scanf("% d",&i);      /* 从键盘输入数据,存放变量 i 代表的内存空间*/
```

下面说一下变量的地址和变量值的关系，在赋值表达式中给变量赋值，如：

```
a =268
```

则，a 为变量名，268 是变量的值，&a 是变量 a 的地址。

赋值号左边是变量名，不能写地址，而 scanf 函数在本质上也是给变量赋值，但要求写变量的地址，如 &a。这两者在形式上是不同的。& 是一个取地址运算符，&a 是一个表达式，其功能是求变量的地址。

【例 4.6】scanf 函数案例。

```
#include <stdio. h>
int main()
{
   int x,y,z;                              /* 声明 3 个变量*/
   printf("input x,y,z =\n");              /* 输入提示*/
   scanf("% d% d% d",&x,&y,&z);        /* 调用输入函数*/
   printf("x =% d,y =% d,z =% d\n",x,y,z);       /* 输出变量数据*/
```

```
    return 0;
}
```

运行结果如图 4-2 所示。

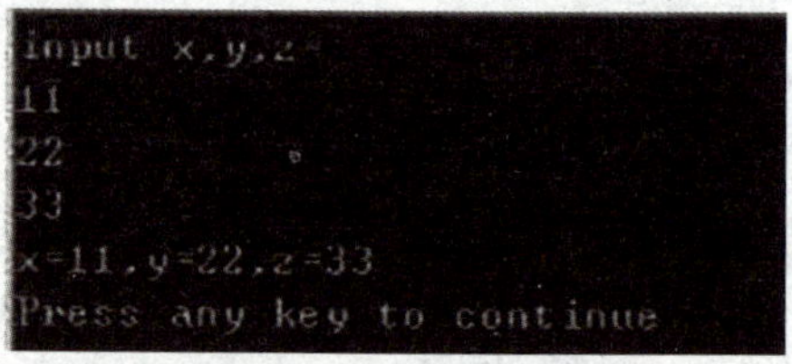

图 4-2　例 4.6 运行结果

在本例中，由于 scanf 函数本身不能显示提示字符串，故先用 printf 语句在屏幕上输出提示，请用户输入 x，y、z 的值。执行 scanf 语句，则等待用户输入。用户输入“11　22　33”后按下回车键，此时，系统将这 3 个数的数据送入到这 3 个变量对应的存储单元中。

在 scanf 语句的格式串中由于没有非格式字符在“%d%d%d”之间做输入时的间隔，因此在输入时要用一个以上的空格或回车键作为每两个输入数之间的间隔。例如：

```
11 22 33<回车>
```

或

```
11<回车>
22<回车>
33<回车>
```

(2)格式字符串

格式字符串的一般形式为：

```
%[* ][输入数据宽度][长度]类型
```

其中，有方括号的项为任选项。各项的意义如下。

①“ * ”符：用以表示该输入项输入后不赋给相应的变量，即跳过该输入值。例如：

```
scanf("%d %*d %d",&a,&b);
```

当输入为：

```
1   2   3<回车>
```

此时，把 1 赋予 a，2 被跳过，3 赋予 b。

② 输入数据宽度：用十进制正整数指定输入的宽度(即字符数，列数)。

例如：

```
scanf("%5d",&a);
```

输入：

```
12345678<回车>
```

只把12345赋予变量a，其余部分被截去。

又如：

```
scanf("%4d%4d",&a,&b);
```

输入：

```
12345678<回车>
```

将把1234赋予a，而把5678赋予b。

③ 长度：长度格式符为l和h，l表示输入长整型数据(如%ld)和双精度浮点数(如%lf)。h表示输入短整型数据。

④ 类型：表示输入数据的类型，其格式字符含义说明如表4-3所示。

表4-3　类型格式字符含义说明

格式字符	含义说明
d	输入十进制整数
o	输入八进制整数
x	输入十六进制整数
u	输入无符号十进制整数
f或e	输入实型数(用小数形式或指数形式)
c	输入单个字符
s	输入字符串

(3)scanf函数运行时注意事项

① 标准C语言在scanf函数中不使用u说明符。对unsigned型数据，以"%d""%o"或"%x"格式输入。

② 输入数据分隔处理。输入时，数据之间需要用分隔符，例如：

```
scanf("%d%d",&a,&b);
```

此语句可以用一个或多个空格分隔，也可以用回车键分隔：

```
100 10<回车>
```

或

```
100<回车>
10<回车>
```

以上两种输入数据的方式都是正确的。

scanf 函数指定输入数据所占的宽度时，将自动按指定宽度来截取数据。例如：

```
scanf("%2d%3d",&a,&b);
```

若输入为：

```
1223100<回车>
```

函数截取二位数的整数 12 存入地址 &a，截取 231 存入地址 &b 中。

又如：

```
int main(){
    char a,b;
    printf("input character a,b\n");
    scanf("%c%c",&a,&b);
    printf("%c%c\n",a,b);
    return 0;
}
```

由于 scanf 函数“%c%c”中没有空格，如果输入：

```
M  N<回车>
```

结果输出只有 M。而输入改为

```
MN<回车>
```

此时则可输出 MN 两字符。

如果在格式控制字符串中除了格式说明外还有其他字符，则在输入时，应在相应位置输入与这些字符相同的字符。例如：

```
scanf("%d,%d",&a,&b);
```

由于格式控制字符串中两个格式说明之间有一个逗号，因此输入的两个数据之间也应该有一个逗号，如果 a，b 输入的值分别为 1 和 2，则应按如下形式输入：

```
1,2<回车>
```

若输入时使用了其他字符，将会出错，例如：

```
1 2<回车>
1;2<回车>
```

③ 用 scanf 函数输入实数，格式说明符为%f，但不允许规定精度。例如：

```
%10.4f<回车>
scanf("%6.2d", &a);
```

这种格式是错误的。

④ 如果输入时类型不匹配，scanf 函数将停止处理，其返回值为 0。例如：

```
int a,b;
char ch;
scanf("%d%c%3d",&a,&ch,&b);
```

若输入为

```
12 a 23<回车>
```

则函数将12存入地址&a，空格作为字符存入地址&ch，字符'a'作为整型数读入。因此,以上数据为非法输入数据,程序将被终止。

⑤ 输入字符时不加单引号,输入字符串时不加双引号。

⑥ 在使用%c格式字符时,输入数据之间不需要分隔标志,空格字符和其他转义字符都作为有效字符输入。例如：

```
scanf("% c% c% c",&a,&b,&c);
```

若输入：

```
A B C<回车>
```

则字符A将赋给变量a，字符A和字符B之间的空格赋给变量b，字符B赋给变量c。这是因为%c只要求输入一个字符，所以，空格字符也作为变量的有效输入字符。

⑦ 普通字符。与printf函数的普通字符不同，scanf函数的格式控制字符串中普通字符是不显示的，而是规定了输入时必须输入的与格式串相同的普通字符。例如：

```
scanf("i =% d",&i);/* 格式字符串中"i ="为普通字符* /
```

执行该语句时，输入应按下列格式：

```
i =30<回车>
```

任务3 字符数据输入与输出

任务描述

字符数据在内存中存储的是字符的ASCII码——一个无符号整数，其形式与整数的存储形式一样，所以C语言允许字符型数据与整型数据之间通用。

任务分析

字符数据可以通过标准库函数进行输入输出。一个字符型数据，既可以字符形式输出，也可以整数形式输出。

任务重点与实施

4.3.1 putchar 函数(字符输出函数)

putchar 函数是 C 程序中常用的单个字符输出函数。其一般形式为：

```
putchar(c);
```

其功能是向终端(一般为显示器)输出一个字符，其中 c 为字符型或整型的常量或变量。具体是将 c 所代表的一个字符显示到屏幕上光标当前的位置。即当 c 为字符型时，输出相应字符；当 c 为整型时，输出这个整数在 ASCII 码表中所对应的字符。例如：

```
putchar('A');          /* 输出大写字母 A*/
putchar(x);            /* 输出字符变量 x 的值*/
putchar('\101');       /* 也是输出字符 A*/
putchar('\n');         /* 换行*/
```

对控制字符则执行控制功能，不在屏幕上显示。使用本函数前需要用文件包含命令：

```
#include <stdio. h>
```

或

```
#include "stdio. h"
```

【例 4.7】putchar 函数案例。

参考程序如下：

```
#include <stdio. h>
int main()
{
int i =97;
char ch ='a';
putchar(i);            /* 输出字符'a' */
putchar('\n');         /* 换行,可以输出控制字符,起控制作用*/
putchar(ch);           /* 输出字符变量 ch 的值'a'*/
putchar('\n');         /* 换行,可以输出控制字符,起控制作用*/
return 0;
}
```

运行结果如图 4-3 所示。

图 4-3 例 4.7 运行结果

4.3.2　getchar 函数(字符输入函数)

getchar 函数要求从终端键盘上输入一个字符，输入到某个变量 c 中。其一般形式为：

```
c=getchar();
```

其功能是从输入设备(一般为键盘)上输入一个字符，函数的返回值是该输入字符对应的 ASCII 码编码值。

程序在执行过程中，若遇到 getchar 函数，系统将等待用户输入，直到 getchar 接收到一个字符后，程序再继续执行。

值得注意的是，其函数原型为：

```
int getchar(void);  /* void 表示不允许有参数*/
```

通常把输入的字符赋予一个字符变量，构成赋值语句，如：

```
char c;
c=getchar();
```

【例 4.8】getchar 函数案例。

参考程序如下。

```
#include <stdio.h>
int main()
{  int ch;
    ch=getchar();/* 从键盘输入字符,该字符的 ASCII 编码值赋给 ch*/
    putchar(ch);          /* 输出 ch 对应的字符*/
    putchar('\n');        /* 换行,可以输出控制字符,起控制作用*/
return 0;
}
```

运行结果如图 4-4 所示。

图 4-4　例 4.8 运行结果图

执行 getchar 函数时需要注意以下几点。

(1)执行 getchar 函数输入字符时，键入字符后需要敲回车键，此后程序才会响应输入，继续执行后续语句。

(2)getchar 函数也将回车键作为一个回车符读入。因此，在用 getchar 函数连续输入两个字符时要注意回车符。

4.3.3 顺序结构程序设计案例

在顺序结构程序中，各语句(或命令)是完全按照语句出现的先后次序顺序执行的，且每个语句都会被执行到。

顺序结构的 N-S 图表示如图 4-5 所示，执行顺序为先执行 A 操作后执行 B 操作。

例如，假设银行定期存款的年利率(rate)为 2.25%，存款期为 n 年，存款本金为 capital 元，则 n 年后可得到的按复利计算的本利之和是多少呢？用数学方法来解决这个问题的复利计算公式为

$$deposit = capital \times (1 + rate)^n$$

若要用计算机编程实现，则首先需要设计算法，用传统流程图表示这一算法如图 4-6 所示。从本例可以看出，顺序结构虽然简单，但也蕴含着一定的算法，并且有一定的规律可循，通过对图 4-6 的进一步分析可以发现，顺序结构的基本程序框架主要由输入算法所需要的数据、进行运算和数据处理、输出运算结果数据 3 部分组成。

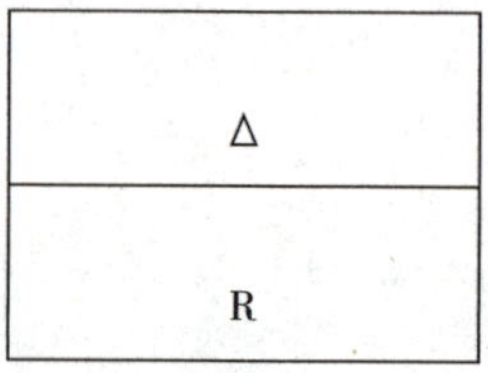

图 4-5　顺序结构的 N-S 图表示

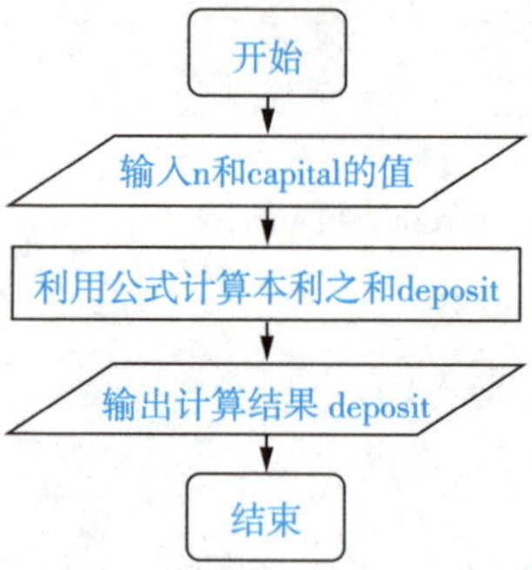

图 4-6　计算存款本利之和的算法流程图

【例 4.9】设银行定期存款的年利率(rate)为 2.25%，并已知存款期为 n 年，存款本金为 capital 元，试按复利编程计算 n 年后的本利之和 deposit。

这个例子的算法已经在上面分析过了，现在来编写程序。

参考程序如下：

```
#include<math. h>
#include <stdio. h>
int main()
{
int n;                                          /* 定义存款期变量*/
double    rate =0. 0225;                        /* 定义存款年利率变量*/
double    capital;                          /* 定义存款本金变量*/
double    deposit;                              /* 定义本利之和变量*/
printf("Please enter year,capital:");    /* 显示用户输入的提示信息*/
scanf("% d,% lf",&n,&capital);           /* 输入数据,数据间以逗号分隔*/
deposit =capital* pow(1 +rate,n);        /* 调用函数 pow()计算存款利率之和*/
```

```
printf("deposit =% f\n",deposit);/* 显示按复利计算的存款本利之和* /
return 0;
}
```

运行结果如图 4-7 所示。

```
Please enter year, capital:1,10000
deposit=10225.000000
```

图 4-7　例 4.9 运行结果

在将图 4-6 所示的流程图转化为程序时，并非像流程图所示的那样，只需 3 行语句就够了。首先，任何标准 C 程序都必须有且只有一个主函数 main( )，其函数体由一对花括号括起来；程序是从主函数开始执行的，在函数体的开始处首先应对函数中所要使用的所有变量进行变量定义，然后再进行其他操作，包括数据的输入、处理和输出等。

在输入数据前让程序输出一条输入提示信息，可以增加程序的易用性，有助于用户了解程序的运行状态并按照正确的格式输入数据。

从上面这个例子，可以总结出一个简单的 C 程序的结构框架。

以#开始的编译预处理命令行。

```
int main()
{
局部变量定义语句;
可执行语句序列;
return 0;
}
```

对照上面的结构框架可知，程序的第 1 行"#include<math. h>"是一种编译预处理命令，它指示编译系统在对源程序编译之前对源代码进行某种预处理操作，包括宏定义、文件包含、条件编译等。所有的编译预处理命令都以"#"开始，每条指令单独占 1 行，同 1 行不能有其他的编译指令和 C 语句(注释除外)。

注意：编译预处理命令不是 C 语句。这里，#include 是文件包含编译预处理命令。

编译预处理命令#include 指示编译系统将一个源文件嵌入当前源文件中该指令所在的位置。C 程序开发系统提供庞大的支持库。其可分为两类：一类是函数库；另一类是扩展名为"h"的头文件库。函数库中包含标准函数的目标代码，供用户在程序中调用。

通常，在程序中调用一个库函数时，要在调用前引用该函数原型所在的头文件。例如，调用函数 scanf( )、printf( )等有关输入/输出的函数时，需要引用标准输入/输出头文件"stdio. h"；调用标准数学函数时，要引用数学头文件"math. h"等。

【例 4. 10】求 $ax^2+bx+c=0$ 方程的根。其中，a、b、c 由键盘输入，假设 $b^2-4ac>0$，

并且 a≠0。

理论准备：在数学中，利用求根公式来求解一元二次方程的根是具有普遍性的方法，所以在算法设计中应选用此方法来实现。一元二次方程的求根模型为

$$x_1=\frac{-b+\sqrt{b^2-4ac}}{2a};\ x_2=\frac{-b-\sqrt{b^2-4ac}}{2a}$$

令 $p=\frac{-b}{2a}$，$q=\frac{\sqrt{b^2-4ac}}{2a}$，则

$$x_1=p+q$$

$$x_2=p-q$$

【分析】

(1)输入实型数 a，b，c，用户要保证要求满足 a≠0 且 $b_2-4ac>0$。

(2)求判别式 disc= b * b-4 * a * c。

(3)调用求平方根函数 sqrt( )，求 p，q。

(4)根据公式求方程两个根 x_1 与 x_2。

(5)输出方程的两个根。

参考程序如下。

```
#include <stdio. h>
#include <math. h>
int main()
{
   float a,b,c,disc,p,q,x1,x2;
   printf("请输入符合要求的系数 a,b,c:\n");
   scanf("% f% f% f",&a,&b,&c);          /*  输入 a,b,c */
   disc =b*  b-4*  a*  c;                /*  计算 disc*/
   p =-b/(2*  a);
   q =sqrt(disc)/(2*  a);
   x1 =p +q;x2 =p-q;                              /*  计算方程的两个不等根 */
   printf("方程的根：\n x1 =% f\n x2 =% f\n",x1,x2);  /*  输出 */
   return 0;
}
```

运行结果如图 4-8 所示。

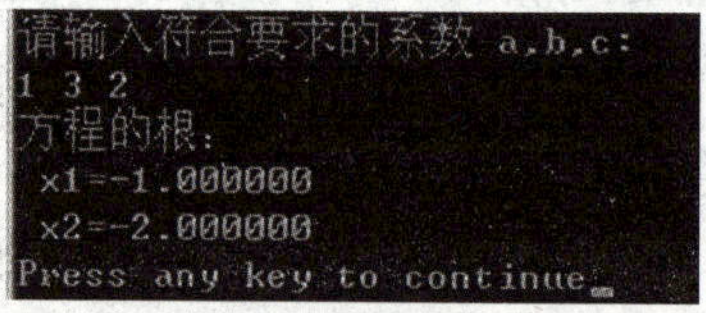

图 4-8　例 4.10 运行结果

知识拓展

printf 函数格式化输出技巧

printf 函数是实现格式化输出的重要工具，其基本调用形式为：printf("格式控制字符串"，输出项列表)。格式控制字符串由普通字符和格式说明符构成，普通字符会原封不动地输出，而格式说明符则用来规定输出项的呈现格式。输出项列表是待输出的数据，它可以是常量、变量或者表达式。

1. 整数输出技巧

(1)十进制整数输出

%d 和%i 都用于输出十进制整数，在大多数情况下二者可以互换。可以通过指定宽度来控制输出样式。例如，%5d 表示输出宽度为 5 个字符，当输出的整数不足 5 位时，会在左边用空格补齐，实现右对齐；若使用%-5d，则是左对齐，右边补空格。这在需要将数据整齐排列输出时非常有用，比如输出表格数据。

(2)八进制和十六进制整数输出

%o 用于输出八进制整数。若要在输出的八进制数前加上 0 前缀，可以使用%#o 这种形式，这样能更清晰地表明这是一个八进制数。

%x 以小写字母输出十六进制整数，%X 则以大写字母输出。同样，加上 # 标志，如%#x 或 %#X，会在输出的十六进制数前加上 0x 或 0X 前缀，方便区分不同进制的数值。

2. 浮点数输出技巧

(1)单精度和双精度浮点数输出

%f 用于输出单精度浮点数，%lf 用于输出双精度浮点数。用户可以通过 后面跟数字的方式指定输出的精度，也就是小数点后的位数。例如，%.2f 表示只保留两位小数，这在处理财务数据、科学计算结果等需要控制小数位数的场景中十分常见。

(2)科学计数法输出

%e 和 %E 用于以科学计数法输出浮点数，%e 使用小写字母 e 表示指数部分，%E 使用大写字母 E。同样，也能指定精度，比如 %.3E 表示以科学计数法输出，且保留 3 位小数，这种输出方式适合表示极大或极小的数值。

3. 字符和字符串输出技巧

(1)字符输出

%c 用于输出单个字符，可以将整数作为 ASCII 码值，用 %c 输出对应的字符，这为字符的灵活处理提供了便利。

(2)字符串输出

%s 用于输出字符串，可以指定输出的最小宽度，如 %10s 表示输出宽度至少为 10 个字符，不足时左边补空格；还能通过 %.n 的形式截断字符串，如 %.5s 表示最多输出字符串的前 5 个字符，这在处理长字符串只需要部分内容时很实用。

项目小结

本项目主要介绍了 C 语言语句的相关知识。首先介绍了赋值语句；其次介绍了数据格式化输入与输出；最后介绍了字符数据输入与输出。通过本项目的学习，学生能够了解程序从开始到结束按顺序执行的基本原理、输入输出操作的规范以及字符数据处理的基本流程，提高运用 C 语言进行简单程序编写、调试和优化的基础编程能力。

项目习题

一、填空题

1. 在顺序结构的程序中，所有语句都严格按照它们在程序中______的______顺序，由上到下、从__________依次、逐条执行，只有在__________语句执行完以后，才能执行__________语句。

2. 函数调用语句由函数名、实际参数加上语句结束分号“;”组成。其一般形式为______________。

3. 把多个语句用花括号“{}”括起来组成的一个语句称________。在程序中应把复合语句看成________语句，而不是________语句。

4. printf 函数调用的一般形式为：____________________。

5. scanf 函数称为格式化________________，即按用户指定的__________从键盘上把数据______到指定的___________之中。

6. getchar 函数要求从__________输入一个字符，输入到某个变量 c 中。

二、简答题

1. C 语言有 9 种控制语句，可分成哪几类？

2. scanf 函数运行时注意事项有哪些？

3. 简述执行 getchar 函数时需要注意的事项。

项目 5　选择结构程序设计

项 目 导 读

选择结构是程序设计中的基本结构之一，它根据“条件”判断的结果决定程序执行的流程。在 C 程序中，可根据情况使用条件表达式、if 语句或 switch 语句来实现选择结构。选择结构中的“条件”实际上是一个表达式，程序的执行要根据是否满足这个表达式所表示的条件来进行选择。本项目主要介绍选择结构程序设计的相关知识。

学习目标

- 掌握选择结构的条件语句、开关语句。
- 熟练使用循环结构的 break 语句、continue 语句，累加、累乘、排序、穷举等典型算法。
- 掌握“自顶向下、逐步求精”的结构化程序设计方法。

思政目标

- 培养学生科学严谨、标准规范的职业素养。
- 强调职业道德在软件开发中的重要性，如诚信、保密、尊重他人知识产权等，培养学生的职业操守。

任务 1　if 语句

任务描述

在顺序结构程序中，程序的流程是固定的，不能跳转，只能按照书写的先后顺序逐条地执行语句。这样一旦发生特殊情况(如发现输入数据不合法等)，将无法进行特殊处理，而且在实际问题中，有很多时候需要根据不同的判断条件执行不同的处理步骤。

任务分析

在程序流程控制方面，if 语句能够巧妙地改变程序原本线性的执行路径，引导程序流向不同分支。以购物系统为例，当用户结算时，若购物金额满足一定优惠条件，if 语句触发相应优惠计算模块，否则按原价计算。这种依据条件对流程的灵活把控，避免程序千篇一律，实现个性化、差异化的功能实现，如同为程序规划了多条可选路线，使其能更好地适应复杂多变的业务需求。

任务重点与实施

5.1.1　if 语句的 3 种形式

if 语句中的表达式一般为逻辑表达式或关系表达式，且表达式要用圆括号括起来。由于 C 语言的语法中并没有对表达式类型进行限制，所以理论上可以允许任何表达式。而其中的语句可以是任何单个语句(包括复合语句)。

C 语言中提供的 if 语句有 3 种基本形式。

1. 形式 1：不带 else 的 if 语句

不带 else 的 if 语句的表达式如下。

```
if(表达式)语句;
```

形式 1 是不带 else 的 if 语句，是 if 语句的基本形式，其执行过程为：如果表达式的值为非 0(逻辑真)，则执行其后的语句；否则不执行该语句，即跳过该语句。其实现了单边选择结构。执行过程的流程图和 N-S 图，如图 5-1 所示。

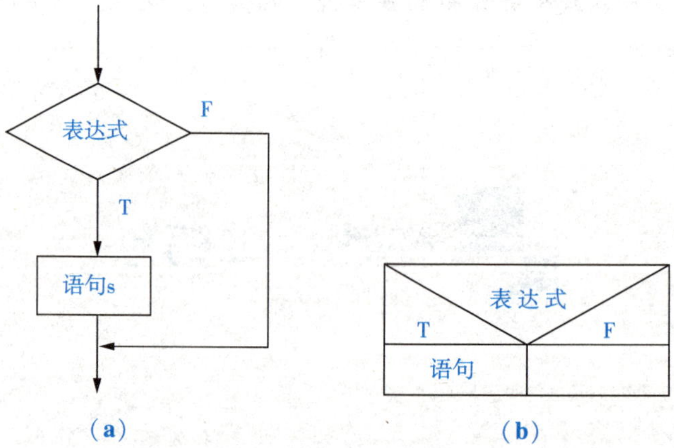

图 5-1　if 语句(形式 1)执行过程流程图和 N-S 图

【例 5.1】成绩加上获奖信息——单分支程序设计：学校曾经组织了一次程序设计大

奖赛，规定本学期程序设计课的成绩可以根据是否在大奖赛上获奖而加 5 分。编写程序，计算某同学的程序设计课成绩。

【分析】计算成绩方法流程图，如图 5-2 所示。

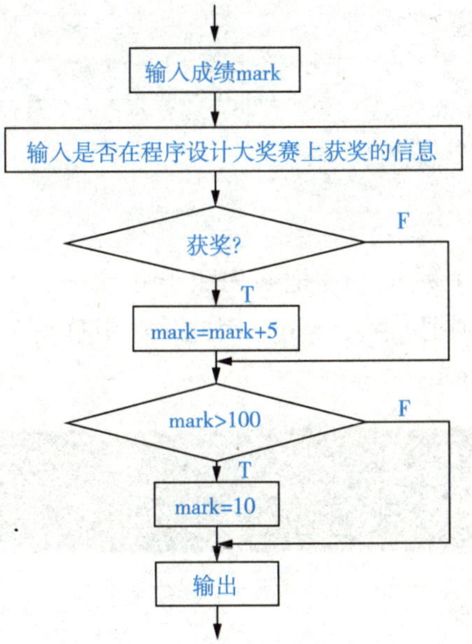

图 5-2　计算成绩方法流程图

参考程序如下。

```
#include <stdio. h>
int main()
{
char win;
int   mark;
printf("输入你的考试成绩:");
scanf("% d",&mark);
printf("你是否在程序设计大奖赛获奖(Y/N)? \n");
win =getchar();/* 加个“getchar();”是为了读掉前边 scanf 函数遗留下的回车符*/
if((win = ='Y')||(win = ='y'))
      mark= mark +5;
if (mark> 100)
mark =100;
printf("你的最后成绩是:% d\n",mark);
}
```

在此例的逻辑判断过程中“否则”部分没有任何操作，这就是运用了 if 语句的形式 1(不带 else 的 if 语句)。

【例 5.2】输入两个整数，求出大的数并输出。

参考程序如下。

```
#include <stdio. h>
```

```
int main()
{
int a,b,max;
printf("\n input two numbers: ");
     scanf ("% d% d" &a,&b);
       max=b;                    /* 首先假设 b 为大的一个数*/
if( a>max) max=a;                     /*  如果 b 不为大的一个数,则 a 是大的一个数*/
       printf("max=% d\n", max);
return 0;
}
```

本例程序中，输入两个数 a，b。把 b 先赋予变量 max，再用 if 语句判别 max 和 a 的大小，如 max 小于 a，则把 a 赋予 max，因此 max 中总是大数，最后输出 max 的值。

运行结果如图 5-3 所示。

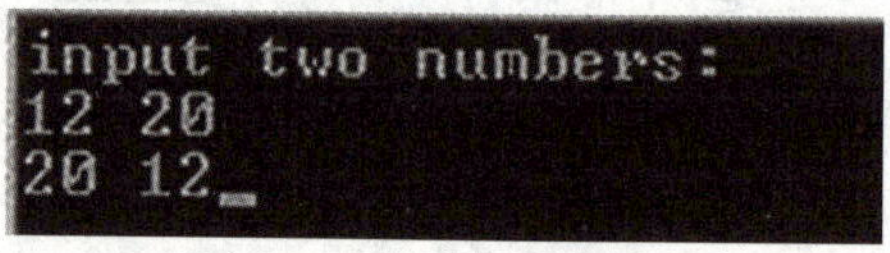

图 5-3　例 5.2 运行结果

2. 形式 2： if-else 形式

if-else 形式的表达式如下。

```
if(表达式)
语句 1;
else
语句 2;
```

形式 2 称为 if-else 形式，其执行过程为：如果表达式的值为非 0(逻辑真)时，执行语句 1，否则执行语句 2。执行过程的流程图和 N-S 图如图 5-4 所示。它通常用在表示条件满足或不满足分别执行两组不同操作的情况中。在程序的执行过程中，两个语句中只有一个语句将被执行，即实现了双边选择结构。

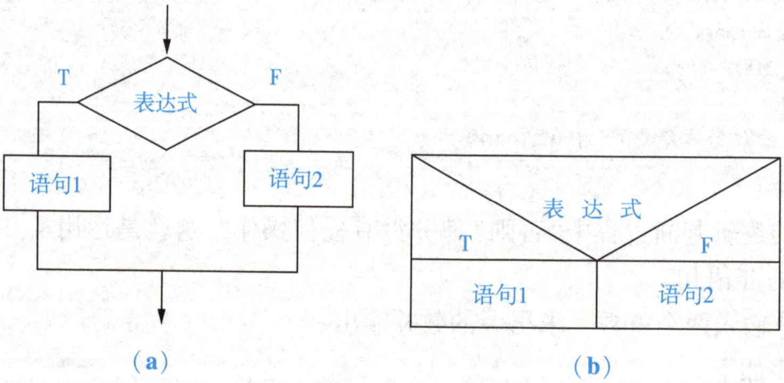

图 5-4　if 语句(形式 2)流程图和 N-S 图

显然，形式2的if结构语句相当于两条形式一的if结构语句，它也可表示为：

```
if(表达式)语句1;
if(! 表达式)语句2;
```

注意：在C语言中，分号是不可或缺的一部分，语句1和语句2后面的分号不能缺少。但不要误认为if-else形式的选择结构是两个语句(if语句和else语句)，它们同属于一个if语句，else子句只是if语句的一部分，不能单独使用，必须与if子句成对使用。

【例5.3】求输入数据的绝对值并输出。

【流程分析】

(1)输入一个数据x。

(2)如果x<0则输出-x；否则，输出x。

使用if-else选择结构实现双分支，程序如下。

```
#include <stdio. h>
int main()
{
int x, y;
printf("Enter an integer:\n");
scanf("% d",&x);
if(x<0)
      y=-x;
else
      y=x;
printf("integer:% d\tabsolute value:% d\n", x, y);
      return 0;
}
```

运行结果如下。

```
      Enter an integer: -8
      integer: -8                absolute value:8
```

本例程序中，运行效果实现了输入一个整数，输出该数的绝对值。使用if-else语句判别x是否小于0，若x小于0，则输出−x的值，否则输出x的值。注意：else之前有一分号，如无此分号，则会出现语法错误。

3. 形式3： if-else-if形式

if-else-if形式表达式如下。

```
if(表达式1)语句1;
else if(表达式2)语句2;
else if(表达式3)语句3;
…
else if(表达式m)语句m;
```

```
else 语句 n;
```

形式 3 称为 if-else-if 形式，其执行过程为：按先后顺序依次求 if 后表达式的值，如果某个表达式的值为非 0（真），则执行其后的那条语句，并跳过其后的其他语句，即由此结束整个 if 语句；如果所有的表达式的值均为 0（假），则执行最后一个 else 后的语句 n。如果没有语句 n，最后的 else 可以省略，表示在前面所有 if 条件都不满足时将不执行任何操作。if 语句（形式 3）流程图如图 5-5 所示。

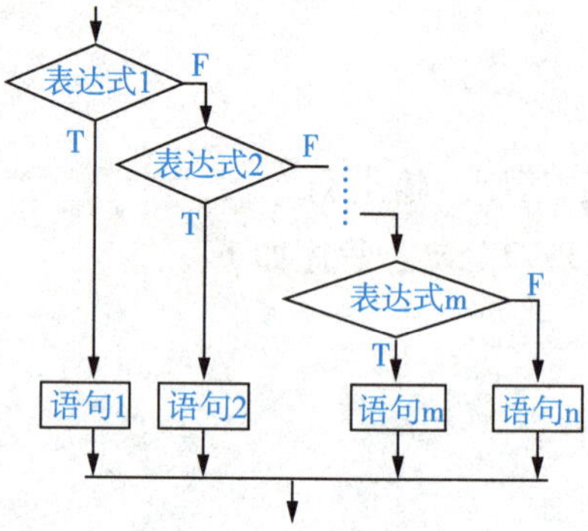

图 5-5　if 语句（形式 3）流程图

【例 5.4】用条件语句编写程序，判断学生考试成绩属于哪个档次（优、良、中、及格、不及格）。

【程序分析】如果用 score 代表学生成绩，只需分别给出属于优、良、中、及格、不及格的成绩范围，判断 score 在哪一个成绩段内，然后再输出该成绩段属于哪个档次即可。

算法描述如下。

步骤01 读取学生成绩 score。

步骤02 判断 score 的值。

步骤03 如果 score <60，输出“不及格”。

如果 60≤score≤69，输出“及格”。

如果 70≤score≤79，输出“中”。

如果 80≤score≤89，输出“良”。

如果 90≤score≤100，输出“优”。

根据输入的百分制成绩来判定学生成绩的等级，其判定标准为：90 分以上为优；80 至 89 分为良好；70 至 79 分为中；60 至 69 分为及格；60 分以下为不及格。优、良、中、及格和不及格分别用 A、B、C、D、E 表示。用条件语句编写的程序如下。

```
#include"stdio. h"
int main()
{
```

```
float   score;
  printf("\n Please input score:");
  scanf("% f",&score);
  if(score>=90) printf("A\n");
  else if(score>=80)   printf("B\n");
  else if(score>=70)   printf("C\n");
  else if(score>=60)   printf("D\n");
  else printf("E\n");
  return 0;
}
```

运行结果如图5-6所示。

图5-6　例5.4运行结果

在使用if语句时还应注意以下几个问题。

（1）在以上3种形式的if语句中，在if关键字之后均为表达式。该表达式通常是逻辑表达式或关系表达式，但也可以是其他表达式，如赋值表达式等，甚至也可以是一个变量。

例如：

```
if(a=5)语句；
if(b)语句；
```

这都是允许的。只要表达式的值为非0，即为真。

又如：

```
if(a=5)；
```

此语句中表达式的值永远为非0，所以其后的语句总是要执行的，当然这种情况在程序中不一定会出现，但在语法上是合法的。

再如，有程序段：

```
if(a=b)
printf("% d",a);
else
printf("a=0");
```

本程序段的语义是：把b值赋予a，如为非0则输出该值，否则输出“a=0”字符串。这种用法在程序中是经常出现的。

（2）在if语句中，条件判断表达式必须用括号括起来，在语句之后必须加分号。

(3)在 if 语句的 3 种形式中，所有的语句应为单个语句，如果要想在满足条件时执行一组(多个)语句，则必须把这一组语句用{ } 括起来组成一个复合语句。但要注意的是在}之后不能再加分号。

例如：

```
if(a>b)
{a++;
b++;}
else
{a=0;
b=10;
}
```

5.1.2 if 语句的嵌套

一个 if 语句可以包含多个子句，而 if 语句同样也是一个完整的语句，因此，if 语句的子句也可以是一个 if 语句。在 if 语句中又包含一个或多个 if 语句称为 if 语句的嵌套。一般形式如下。

```
if()
if()语句 1 ；
else      语句 2 ；
else
if()语句 3；
else      语句 4；
```

在嵌套内的 if 语句可能又是 if-else 型的，这将会出现多个 if 和多个 else 重叠的情况，这时要特别注意 if 和 else 的配对问题。

在 if 语句的嵌套结构中并不需要对称，根据需要决定嵌套的形式即可。在写 if 语句的嵌套结构时，要注意 else 与 if 配对的规则，else 与同一层最接近它而又没有其他 else 语句与之相匹配的 if 语句配对。如果忽略了 else 与 if 配对，就会发生逻辑错误。为了便于人们确定 if 和 else 的对应关系，一般对内嵌 if 语句采用缩进的书写形式。如果采用较好的编程习惯，即缩进形式，那么 if 与 else 的配对就会更明了。在 if 语句的嵌套中，if 和 else 的数目不等时，要注意分辨 else 和 if 的配对关系。例如：

```
if(表达式 1)
          if(表达式 2)
语句 1;
          else
语句 2;
```

其中的 else 究竟与哪一个 if 配对呢?

根据前述的 else 总是与它前面最近的未配对的 if 配对的原则。应该理解为：else 只能跟第二个 if 配对，第一个 if 总体上是一个单分支结构。其缩进形式写成如下形式：

```
if(表达式 1)
   if(表达式 2)
语句 1;
     else          /* 此处 else 只能跟第二个 if 匹配*/
         语句 2;
```

这类问题属于逻辑关系错误，在语法上得不到编译程序的任何信息。如果编程者的意图是使 else 和第一个 if 组成一个 if-else 结构，即实现 else 与第一个 if 配对，可以加花括号来确定配对关系。例如：

```
if(表达式 1)
   { if(表达式 2)
语句 1;
}
else          /* 此处 else 跟第一个 if 匹配*/
     语句 2;
```

【例 5.5】有一个函数如下。

$$y=\begin{cases}1 & (x>0)\\ 0 & (x=0)\\ -1 & (x<0)\end{cases}$$

编写程序，实现任意输入一个 x 的值，输出对应的 y 值。

【分析】输入 x 后，对 x 进行判断，显然 x 的值有 3 种可能。

(1) 如果 $x>0$，则 $y=1$。

(2) 如果 $x=0$，则 $y=0$。

(3) 如果 $x<0$，则 $y=-1$。

图 5-7 为这个问题的算法的 N-S 图。

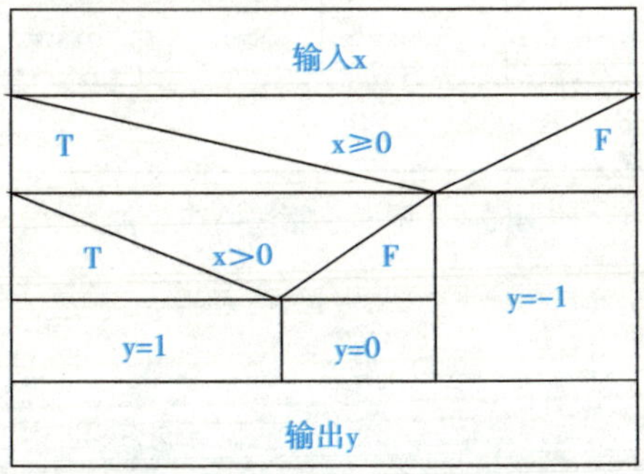

图 5-7　例 5.5 算法的 N-S 图

在这个算法的 N-S 图中有两个判断，第二个判断是嵌套在第一个判断之中的，可以用 if 语句的二重嵌套来实现。

参考程序如下。

```
#include"stdio. h"
int main()
{ float x;
int  y;
printf("Please input x:");
scanf("% f",&x);
if(x>=0)
if(x>0)y=1;  /* 内嵌 if 语句*/
else  y=0;
else  y=-1;
printf("y=% d\n",y);
    return 0;
}
```

运行结果如图 5-8 所示。

图 5-8 例 4.15 运行结果

【例 5.6】任意输入 3 个数，输出其中的最大值。

【分析】设输入数据分别为 a，b，c，随意取出两个数进行比较，以其中较大的 1 个再与第 3 个数比较，例 5.6 算法的 N-S 图如图 5-9 所示。

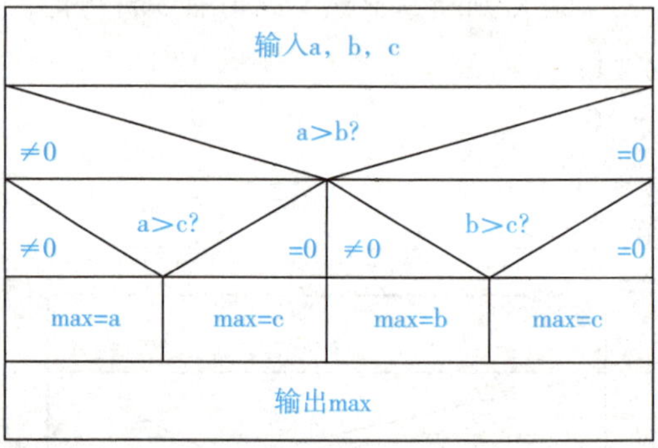

图 5-9 例 5.6 算法的 N-S 图

参考程序如下。

```
#include <stdio. h>
int main()
{    float a,b,c,max;
scanf("% f,% f,% f",&a,&b,&c);
if(a>b)
```

```
{  if(a>c)   max=a;          /* 内嵌 if 语句*/
else   max=c;
}
else if(b>c)   max=b;
else   max=c;
printf("max=%5.2f\n",max);
     return 0;
}
```

5.1.3　条件表达式

C 语言提供了一个可以代替某些 if-else 语句的简便易用的操作符“?”和“:”，它是 C 语言中唯一的一个三目运算符，即有 3 个参与运算的量。由条件运算符连接的式子称为条件表达式，其一般形式为：

```
表达式1? 表达式2:表达式3
```

操作符?的作用是：在计算表达式 1 之后，如果数值为 true(真)，则计算表达式 2，并将结果作为整个表达式的数值；如果表达式 1 的值为 false(假)，则计算表达式 3 的值，并以它的结果作为整个表达式的值。例如：“5>3?6：20”的值是 6，“5<3?6：20”的值是 20。其执行流程如图 5-10 所示。

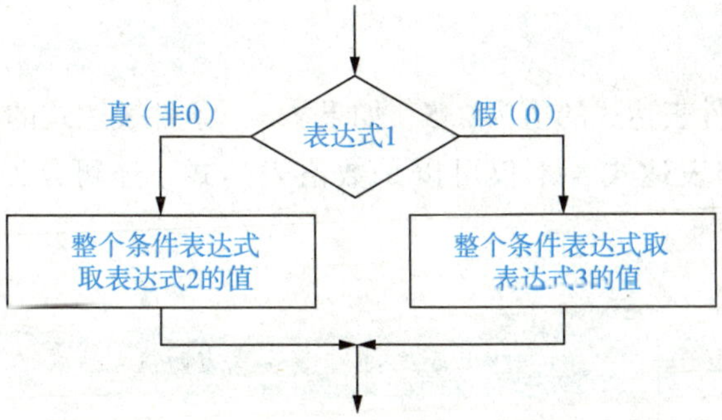

图 5-10　条件表达式执行流程图

例如：

```
x=10;
if   (x>9) y=100;
else y=200;
```

可以用下面的条件运算符来处理。

```
x=10;
y=(x>9)? 100:200;
```

又如，将变量 x，y 中的最大值赋给变量 max 可以写成如下语句。

```
if(x>y)    max=x;
else max=y;
```

上述 if 语句中，不管条件是否成立，都要给变量 max 赋值，所以可以写为：

```
max=(x>y)? x:y;
```

说明如下。

(1)条件运算符的优先级特别低，仅仅高于赋值运算符和逗号运算符，而比其他运算符都低。例如：

①“max=(x>y)？x：y;”等价于“max=x>y？x：y;”，即可以不用加括号。

②“a>b？a：b+1”等价于“(a>b)？a：(b+1)”，而不是等价于“(a>b？a：b)+1”

(2)条件运算符的结合性为“从右到左”(即右结合性)。例如：

```
a>b? a:c>d? c:d
```

相当于：

```
a>b? a:(c>d? c:d)
```

如果 a=1，b=2，c=3，d=4，则条件表达式的值为 4。

(3)条件表达式中的表达式 1、表达式、2 表达式 3 的类型可以各不相同，但整个条件表达式的值的类型为表达式 2 和表达式 3 中较高的类型。例如：

```
x>y? 2:2.5
```

如果 x≤y，条件表达式的值为 2.5，如果 x>y，条件表达式的值为 2.0。

(4)表达式 2 和表达式 3 不仅可以是数值表达式，还可是赋值表达式或函数表达式。

例如：

```
a>b?(a=100):(b=100);                    /* 其中表达式为赋值表达式*/
```

又如：

```
a>b? prinf("% d",a): prinf("% d",b);          /* 其中表达式为函数表达式*/
```

(5)条件表达式不能取代所有的 if 语句，只有当 if 语句中内嵌的语句为赋值语句，并且两个分支都给同一个变量赋值时，才能代替 if 语句。

(6)条件运算符可嵌套。例如：

```
x>0? 1:(x<0? -1:0)
```

其含义是：如果 x 是正数，则为 1；如果是负数，则为-1；如果为零，则为 0。

(7)条件运算符“?”和“:”是一对运算符，不能分开单独使用。

任务2　switch 语句

任务描述

switch 语句可以使代码更加简洁直观，减少冗余，极大提高了程序在多分支决策场景下的运行效率，让程序逻辑一目了然。

任务分析

例如，在设计一个简易的学生成绩等级评定系统中，依据学生的考试成绩分数段划分等级，使用 switch 语句，以成绩除以 10 后的整数值作为判断依据，9 对应“A”，8 对应“B”，以此类推，清晰且快速地将不同成绩导向相应等级输出。

任务重点与实施

5.2.1　switch 语句的一般形式

多分支结构可以使用嵌套的 if 语句处理，但如果分支较多，嵌套的 if 语句层数也增多，程序冗长，会降低可读性。因此，C 语言提供了 switch 语句，也叫开关语句，来实现多分支选择。switch 语句通过单条件测试，根据表达式多种可能的取值(一组常数中的某一个)来产生分支。其一般形式：

```
switch(表达式)
{
case 常量表达式 1:语句 1;
case 常量表达式 2:语句 2;
…
case 常量表达式 n:语句 n;
  [default:  语句 n+1;]
}
```

switch 语句的执行过程如下。

(1)先计算表达式的值，其结果值依次与每一个常量表达式的值进行匹配(常量表达式的值的类型必须与表达式的值的类型相同)。

(2)如果匹配成功，则执行该常量表达式后的语句系列。因此，“case 常量表达式”只是起语句标号的作用，而不是在该处进行条件判断。当表达式的值与某个常量表达式的值一致时，相当于找到了匹配的入口标号，便从此标号开始执行下去。

(3)当遇到 break 时，则立即结束 switch 语句的执行，否则，顺序执行到花括号中的最后一条语句。default 情形是可选的，如果没有常量表达式的值与表达式的值匹配，则执行 default 后的语句系列。

(4)当 switch 语句没有 default 子句，表达式的值与所有常量表达式的值又都不一致时，此 switch 语句相当于一个空语句，什么也不执行。

需要注意的是，表达式的值的类型必须是字符型或整型。

5.2.2 switch 语句的说明

(1)switch 括号后面的表达式，一般是 int、char 和枚举型中的一种，而每个 case 后的常量表达式的值的类型必须与 switch 后面的表达式的值的类型相同。例如，下面的程序是错误的。

```
float a, b =4.0;
scanf(" %f", &a);
switch(a)          /* 错误,不可为浮点型表达式*/
{
    case 1: b =b+1; break;
case 2: b =b-1; break;
}
printf(" b =%f\n", b);
```

(2)每一个 case 后常量表达式的值必须互不相同，否则就会出现矛盾，即对表达式的同一个值，有两种或多种执行方案。例如，下面的程序是错误的。

```
int a, b =4;
scanf("%d", &a);
switch(a)
{
    case 1: b =b+2; break;
    case 2: b =b* 2; break;
    case 1: b =b+2; break;/* 错误,case 1 在前面已经使用,可改为 case 3*/
}
printf("b =%d\n", b);
```

(3)case 子句和 default 子句如果都带有 break 子句，则各个 case 和 default 出现的顺序变化不影响执行结果。而 case 子句和 default 子句如果有的带有 break 子句，有的没有带 break 子句，则它们之间顺序的变化可能会影响执行结果。

(4)switch 结构内的各个 case 及其后语句执行流程为顺序执行。因此，执行完一个 case 后面的语句后，流程控制转移到下一个 case 中的语句继续执行。此时，“case 常量表达式”只是起到语句标号的作用，并不在此处进行条件判断。在执行一个分支后，可以使用 break 语句使流程跳出 switch 结构，即终止 switch 语句的执行，但是在最后一个分支后可以不使用break语句。这样，完整而合理的switch结构形式如下。

```
switch(表达式)
{
case 常量表达式1:语句1;break;
case 常量表达式2:语句2;break;
…
case 常量表达式n:语句n;break;
  [default:  语句n+1;]
}
```

(5)case后面如果有多条语句，这些语句可以用{ }括起来，也可以不括起来，但一般不加{ }。例如：

```
switch(i)
{
    case 1: {b =b+1; break;}           /* { }可加可不加*/
    case 2: b =b-1; break;
}
```

(6)多个case可以共用一组执行语句。例如：下面的程序中，当a的值是1，2、3时，将b的值加2，当a的值是4，5，6时，将b的值减2。

```
int a,b =4;
scanf("% d", &a);
switch(a)
{
    case 1:
    case 2:
    case 3: b+ =2; break;
    case 4:
    case 5:
    case 6: b- =2;   break;
default: b*   =2;   break;
}
printf(" b =% d\n", b);
```

(7)每个case后面必须是常量表达式，表达式中不能包含变量。初学者使用switch语句时很容易犯此类错误，所以这一点务必要注意。例如：下面程序的功能是判断用户输入的字符类别，但程序是错误的，因为case后面的表达式不是常量表达式。

```
char c;
printf(" Enter a character: ");
c =getchar();
switch(c)
{
    case c<0x20:          /* 错误,case后面跟着变量,下同*/
```

```
                printf(" The character is a control character\n");
                break;
    case c>='0'&&c<='9':
                printf("The character is a digit\n");
                break;

    case c>='A'&&c<='Z':
                    printf(" The character is a captial letter\n");
                    break;
    case c>='a'&&c<='z':
                    printf(" The character is a lower letter\n");
                    break;
        default:
                    printf(" The character is other letter\n");
                    break;
    }
```

要实现该程序的功能，应使用 if-else-if 形式的分支结构，读者可自行思考。当然，如果非要使用 switch 语句来实现，则只能将每种字符列举出来，这种方法显然是非常烦琐的，所以 if 语句的功能并不是简单地用 switch 来代替就行，有时 switch 语句根本无法实现 if 语句的功能。

（8）switch 语句可以嵌套。例如：

```
int main()
{
    int x=1, y=0, a=0, b=0;
    switch(x)
{
    case 1:  switch(y)
             {
                 case 0:  a++;  break;
                 case 1:  b++;  break;
             }
    case 2:  a++;  b++;  break;
    case 3:  a++;  b++;
}
printf("a=%d,b=%d\n",a,b);
    return 0;
}
```

程序运行的结果为：

```
a=2,b=1
```

【例 5.7】输入数字 1 ~7，翻译成星期英文输出。

参考程序如下：

```
#include "stdio. h"
int main()
{
  int a;
printf(" input integer number: ");
scanf("% d",&a);
switch (a)
{
  case 1:printf("Monday\n");break;
  case 2:printf("Tuesday\n"); break;
  case 3:printf("Wednesday\n");break;
  case 4:printf("Thursday\n");break;
  case 5:printf("Friday\n");break;
  case 6:printf("Saturday\n");break;
  case 7:printf("Sunday\n");break;
  default:printf("error\n");
  }
return 0;
}
```

运行结果如图 5-11 所示。

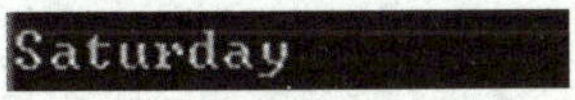

图 5-11　例 5.7 运行结果

本程序是要求输入一个数字，输出一个英文单词。当表达式的值为 1 ~ 7 中的某个数字时，就执行与之相等的常量后面的语句，否则就执行 default 后面的语句。case 常量起的是语句标号的作用，程序并不在此进行判断。当程序执行某个标号的语句，就会按顺序执行以后的语句，直到遇到 break 语句或 switch 语句结束。

5.2.3　选择结构程序案例

前面已经学习了顺序结构和两种选择结构。这些结构都可以互相嵌套和组合，从而设计出结构复杂的程序。接下来，将通过几个具体的例子介绍两种选择结构和顺序结构的嵌套和组合。

【例 5.8】分多种情况，详细地求方程 $ax^2+bx+c=0$ 的实数解。

【分析】根据 3 个系数的不同情况，方程的根有如下几种情况。

(1) $a=0$：不是二次方程。

(2) $b^2-4ac=0$：有两个相等的实根，只需要求一个根。

(3) $b^2-4ac>0$：有两个不等的实根，求 x1 和 x2。

(4) $b^2-4ac<0$：没有实数解。

参考程序如下。

```
#include "stdio. h"
#include <math. h>
int main()
{
float   a, b ,c, x1, x2, disc;
printf("\n input a b c: ");
scanf("% f% f% f", &a, &b, &c);
if(fabs(a)<1e-6) /*  a 等于 0*/
      printf("The equation is not a quadratic\n");
else
{
      disc =b*  b-4*  a*  c;              /*  求判别式*/
      if(disc<0)                          /*  判别式小于 0*/
         printf("The equation has not real root!  \n");
      else
            if(fabs(disc)<1e-6)/*  判别式等于 0*/
               printf("The equation has two equal roots:%8. 4f\n",-b/(2*  a));
            else
            {
                  x1 =(- b +sqrt(disc))/(2*  a);
                  x2 =(- b- sqrt(disc))/(2*  a);
                  printf("The equation has distinct real roots:%8. 4f,%8. 4f\n",x1,x2);
            }      /*  3 条顺序结构的语句组成一条复合语句*/
      }     /*  1 条赋值语句和"if(disc<0)"组成一条复合语句*/
return 0;
}
```

运行结果如图 5-12 所示。

```
 input a b c: 2  -2  -3
The equation has distinct real roots:  1.8229, -0.8229
```

图 5-12　例 5.8 运行结果

程序中用 disc 代表 b^2-4ac，先计算 disc 的值，以减少以后的重复计算。对于判断 b^2-4ac 是否等于 0 时，要注意一个问题：由于 disc(即 b^2-4ac)是实数，而实数在计算和存储时会有一些微小的误差，因此不能直接进行如下判断。

```
if (disc = =0)
```

因为这样可能会出现本来是零的量，由于上述误差而被判别为不等于零而导致结果错误。所以采取的办法是判别 disc 的绝对值(fabs(disc))是否小于一个很小的数(例如 1e−6)，如果小于此数，就认为 disc=0。

该程序中用到的平方根函数 sqrt 包含在头文件"math. h"中，所以程序中第一句增加了“#include <math. h>”。

【例 5.9】编程设计一个简单的猜数游戏：先由计算机“想”一个数请玩家猜，如果玩家猜对了，则计算机给出提示“Right!”，否则提示“Wrong!”，并告诉玩家所猜的数是大了还是小了。

本例程序设计中的难点是如何让计算机“想”一个数。“想”反映了一种随机性，可用标准库函数 rand( ) 产生计算机“想”的数。

函数 rand( ) 产生一个 0 到 RAND_MAX 之间的随机整数，RAND_MAX 是在头文件“stdlib. h”中定义的符号常量，因此使用该函数时需要包含头文件 stdlib. h。ANSI 标准规定 RAND_MAX 的值不得大于双字节整数的最大值 32 767。算法设计如下。

步骤01 通过调用随机函数任意“想”一个数 magic。

步骤02 输入玩家猜的数 guess。

步骤03 如果 guess> magic，则给出提示：“Wrong! Too high!”。

步骤04 否则，如果 guess< magic，给出提示：“Wrong! Too low!”。

步骤05 否则，guess=magic，给出提示：“Right!”，并输出 guess 值。

算法流程图如图 5-13 所示。

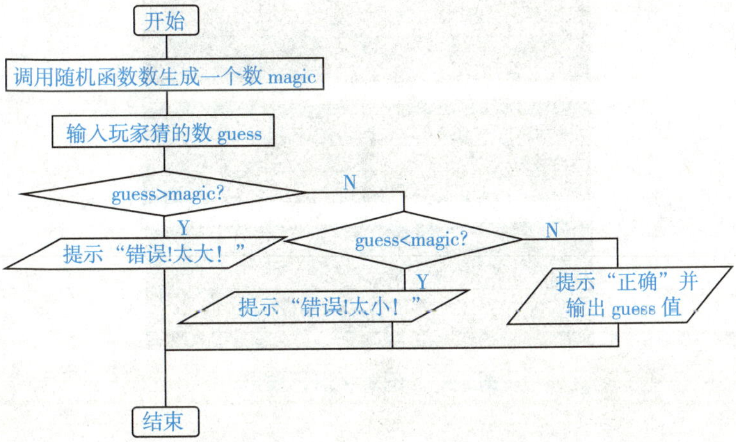

图 5-13　例 5.9 算法流程图

编写程序如下。

```
#include <stdlib. h>
#include <stdio. h>
int main()
{
        int magic;                  /* 计算机“想”的数*/
        int guess;                  /* 玩家猜的数*/
        magic=rand();               /* 通过调用随机函数让计算机“想”一个数 magic*/
```

```
        printf("Please guess a magic number:");
        scanf("% d",&guess);                          /* 输入玩家猜的数 guess*/
        if(guess>magic)                               /* 猜大了*/
        {
          printf("wrong! Too high!  \n");
        }
        else if (guess<magic)              /* 猜小了*/
        {
          printf("Wrong! Too low!  \n");
      }
      else                                 /* 猜对了*/
        {
          printf("Right!  \n");
          printf("The number is:% d\n",magic);
        }
        return 0;
      }
```

程序的 3 种运行结果如图 5-14 所示。

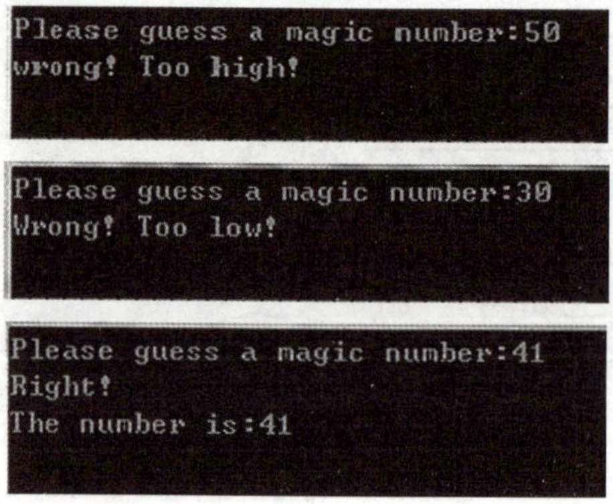

图 5-14　例 5.9 运行结果

【例 5.10】编写程序，从键盘上输入年份 year(4 位十进制数)，判断其是否为闰年。

【分析】闰年的条件是能被 4 整除但不能被 100 整除，或者能被 400 整除。

(1)整除描述：如果 x 能被 y 整除，则余数为 0，即如果 x%y 的值等于 0，则表示 x 能被 y 整除。

(2)首先将是否闰年的标志 leap 预置为 0(非闰年)，这样仅当 year 为闰年时才将 leap 置为 1。这种处理两种状态值的方法对优化算法和提高程序可读性非常有效。算法 N-S 图，如图 5-15 所示。

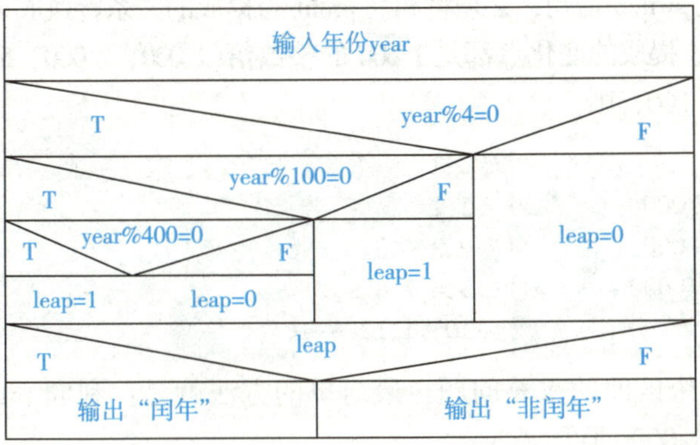

图 5-15　例 5.10 算法 N-S 图

程序如下：

```
#include"stdio. h"
int main()
{
int year,leap =0;          /*  leap =0：预置为非闰年*/
printf("Please input the year:");
scanf("% d",&year);
if(year % 4 = =0)
if (year % 100 ! = 0)leap =1;
else
{if(year% 400 = =0) leap =1;}
if(leap)printf("% d is a leap year. \n",year);
else      printf("% d is not a leap year. \n",year);
return 0;
}
```

运行结果如图 5-16 所示。

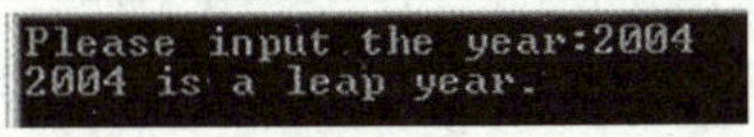

图 5-16　例 5.10 运行结果

【例 5. 11】已知某公司员工的保底薪水为 500，某月所接工程的利润 profit(整数)与利润提成的关系如下(计量单位：元)。

profit≤1 000	没有提成
1 000<profit≤2 000	提成 10%
2 000<profit≤5 000	提成 15%
5 000<profit≤10 000	提成 20%
10 000<profit	提成 25%

【分析】为使用 switch 语句，必须将利润 profit 与提成的关系转换成某些整数与提成的关系。分析本题可知，提成的变化点都是 1 000 的整数倍(1 000，2 000，5 000、……)，如果将利润 profit 整除 1 000，则：

```
profit≤1 000                对应 0,1
1 000<profit≤2 000          对应 1,2
2 000<profit≤5 000          对应 2,3,4,5
5 000<profit≤10 000         对应 5,6,7,8,9,10
10 000<profit               对应 10,11,12、……
```

为解决相邻两个区间的重叠问题，最简单的方法就是：利润 profit 先减 1(最小增量)，然后再整除 1 000 即可。

```
profit≤1 000                对应 0
1 000<profit≤2 000          对应 1
2 000<profit≤5 000          对应 2,3,4
5 000<profit≤10 000         对应 5,6,7,8,9
10 000<profit               对应 10,11,12、……
```

参考程序如下。

```
#include "stdio. h"
int main()
{
      long   profit;
    int   grade;
    float   salary =500;
    printf("Input   profit: ");
    scanf("% ld", &profit);
    grade = (profit -1)/1000;/*  将利润-1、再整除 1000，转化成 switch 语句中的 case 标号*/
    switch(grade)
    {
case   0:  break;                              /*  profit≤1000 */
      case   1: salary += profit* 0. 1; break;         /*  1000<profit≤2000 */
      case   2:
      case   3:
      case   4: salary += profit* 0. 15; break;        /*  2000<profit≤5000 */
      case   5:
      case   6:
      case   7:
      case   8:
      case   9: salary+=profit* 0. 2; break;           /*  5000<profit≤10000 */
      default: salary += profit* 0. 25;                /*  10000<profit */
    }
    printf("salary =%. 2f\n", salary);
    return 0;
}
```

运行结果如图 5-17 所示。

图 5-17　例 5.11 运行结果

从本例中可以进一步地体会到 case 后面的常量表达式仅起语句标号作用，并不进行条件判断。系统一旦找到入口标号，就从此标号开始执行，不再进行标号判断，所以必要时必须加上 break 语句，以便结束选择流程。

知识拓展

智能家居中关于 C 语言的运用

在智能家居系统里，C 语言凭借其高效、灵活以及对硬件的强大操控能力，发挥着举足轻重的作用。下面主要介绍 C 语言在智能家居中的运用。

1. 硬件驱动开发

(1) 传感器驱动。智能家居系统中存在着各种各样的传感器，如温度传感器、湿度传感器、光照传感器等。C 语言能够直接与这些硬件设备进行交互，通过编写传感器驱动程序来读取传感器的数据。例如，对于 DHT11 温度湿度传感器，开发者可以使用 C 语言编写代码，通过特定的引脚与传感器进行通信，按照传感器的数据传输协议读取温度和湿度值。

(2) 执行器驱动。执行器负责根据系统的指令执行相应的动作，如控制灯光的开关、调节窗帘的升降等。C 语言可以精确地控制执行器的动作。以控制 LED 灯为例，通过操作微控制器的 GPIO(通用输入输出)引脚，使用 C 语言编写代码来实现对 LED 灯的点亮和熄灭控制。

2. 嵌入式系统编程

(1) 实时操作系统(real time operate system，RTOS)开发。许多智能家居设备需要运行实时操作系统来确保系统的实时响应能力。C 语言是开发 RTOS 的主要编程语言之一。开发者可以使用 C 语言编写任务调度、中断处理、内存管理等核心模块的代码。

(2) 设备固件开发。智能家居设备的固件通常使用 C 语言进行开发。固件负责设备的初始化、与外部设备的通信、数据处理等功能。例如，智能门锁的固件可以使用 C 语言编写，实现对指纹识别模块、密码输入模块的控制，以及与手机 APP 的通信功能。

3. 通信协议实现

(1) Wi-Fi 通信。智能家居设备常常通过 Wi-Fi 与路由器或云服务器进行通信。C 语言可以用于实现 Wi-Fi 通信协议栈，如 TCP/IP 协议栈。开发者可以使用 C 语言编写代码，实现设备的网络连接、数据发送和接收等功能。

(2)蓝牙通信。蓝牙技术在智能家居中也有广泛的应用，如智能手环、智能音箱等设备可以通过蓝牙与手机进行配对和通信。C 语言可以用于实现蓝牙通信协议，如蓝牙低功耗协议。开发者可以使用 C 语言编写代码，实现设备的蓝牙广播、连接建立、数据传输等功能。

4. **数据处理与分析**

(1)本地数据处理。智能家居设备在本地需要对传感器采集到的数据进行处理和分析。C 语言具有高效的数据处理能力，可以对大量的传感器数据进行滤波、降噪、特征提取等操作。例如，对于智能空调，需要对温度传感器采集到的数据进行处理，根据设定的温度阈值来控制空调的制冷或制热。

(2)远程数据传输与分析。智能家居系统通常会将设备采集到的数据上传到云服务器进行进一步的分析和处理。C 语言可以用于实现数据的加密、压缩和传输。例如，使用 C 语言编写代码，将传感器数据进行加密处理后通过网络发送到云服务器，云服务器可以使用 C 语言或其他编程语言对数据进行分析，为用户提供更智能的服务。

项 目 小 结

本项目主要介绍了选择结构程序设计的基本知识。首先介绍了 if 语句的 3 种形式；其次介绍了条件表达式；最后介绍了 switch 语句的一般形式和说明。通过本项目的学习，学生能够掌握了解根据不同条件执行不同代码逻辑的方法和原理，提高运用条件判断语句解决实际问题的编程能力，提高在数据处理、游戏开发、系统控制等领域中的编程技能。

项 目 习 题

一、填空题

1. if 语句中的表达式一般为________或________，且表达式要用________括起来。

2. 形式 1 是不带________的 if 语句，是 if 语句的________，其执行过程为：如果表达式的值为____________________，则执行__________的语句；否则不执行该语句，即跳过该语句。也即实现了__________。

3. 在 if 语句中又____________或____________if 语句称为 if 语句的____________。

二、简答题

1. 在使用 if 语句时应注意哪些问题？

2. 简述 if-else-if 形式的执行过程。

3. 简述 switch 语句的执行过程。

项目 6　循环结构程序设计

项目导读

在应对复杂系统开发时，循环结构是构建稳固架构的钢梁。大型软件项目，如操作系统、数据库管理系统，内部存在海量重复性的操作逻辑；又如文件系统对磁盘扇区的多次读写、数据库查询对记录的逐行检索。合理运用循环结构能够将这些复杂流程梳理得井井有条，保障系统稳定运行，为开发大型、高效、健壮的 C 语言程序提供坚实保障。本项目主要介绍循环结构程序设计的相关知识。

学习目标

- 熟练使用循环结构的 break 语句、continue 语句，累加、累乘、排序、穷举等典型算法。
- 掌握循环语句的嵌套。
- 掌握两种流程转移控制语句 break 语句和 continue 语句的区别。

思政目标

- 鼓励学生将 C 语言程序设计知识应用于创新创业实践中，培养创新创业精神和实践能力。
- 鼓励学生树立终身学习的理念，认识到在快速发展的信息技术领域，持续学习是保持竞争力的关键。

任务 1　循环结构语句

任务描述

实际应用中的许多问题，都会涉及需要重复执行的操作和算法，如级数求和、方程的迭代求解、穷举法解题等，这些需要重复处理的需求，其相应的操作在计算机程序中就体现为某些语句的反复执行，这就是所谓的循环。循环结构可以让用户只写很少的语句，而让计算机反复执行，从而完成大量类同的计算。

任务分析

C 语言中提供了 4 种可以构成循环控制的语句，其中后 3 种是最常用的循环结构。

(1)用 goto 语句和 if 语句的组合构成循环结构。

(2)while 语句构成的循环结构(当型循环)。

(3)do-while 语句构成的循环结构(直到型循环)。

(4)for 语句构成的循环结构(for 循环)。

任务重点与实施

6.1.1 goto 语句以及用 goto 语句构成循环

goto 语句是一种无条件转移语句，与 BASIC 中的 goto 语句相似。goto 语句的使用格式为：

```
goto  语句标号;
```

其中语句标号是一个有效的标识符，这个标识符加上一个“:”一起出现在函数内某处，执行 goto 语句后，程序将跳转到该标号处并执行其后的语句。此外，标号必须与 goto 语句同处于一个函数中，但可以不在一个循环层中。通常 goto 语句与 if 条件语句连用，当满足某一条件时，程序跳到标号处运行。C 语言允许在任何语句前添加语句标号。作为 goto 语句转向的目标，并且不限制程序中使用标号的次数，但各标号不得重名。

【例 6.1】用 goto 语句和 if 语句编程求 1+2+…+100。

参考程序如下。

```
#include <stdio. h>
int main()
{
int i,sum =0;
i =1;
loop:     if(i<=100)
{sum =sum+i;
i++;
goto loop;}
          printf("% d\n",sum);
          return 0;
}
```

运行结果如图6-1所示。

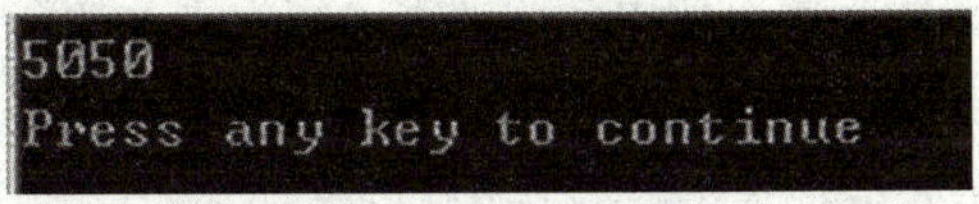

图6-1　例6.1运行结果

goto语句使程序执行分支转移到标号所在的语句，如例6.1中的“loop”。

使用goto语句时，标号的位置必须在当前函数内。也就是说，不能使用goto从main函数转移到另一个函数的标号上，或反过来。

注意：现代程序设计方法不提倡使用goto语句，可使用if，if-else和while这样的结构来代替它，增强代码的可读性。

6.1.2　while语句

while语句在C语言中用得比较多，它是通过先判断循环控制条件是否满足来决定是否继续执行循环，又称当型循环。

它的一般语句格式如下。

```
while(表达式)
循环体语句;
```

执行过程：执行时先计算表达式的值，判断循环条件，当条件为真(表达式的值为非0)时，执行循环体语句，然后返回，再判断条件，重复上述过程，直到条件为假(表达式的值为0)时才跳出循环，继续执行循环体外的后续语句，如图6-2所示。

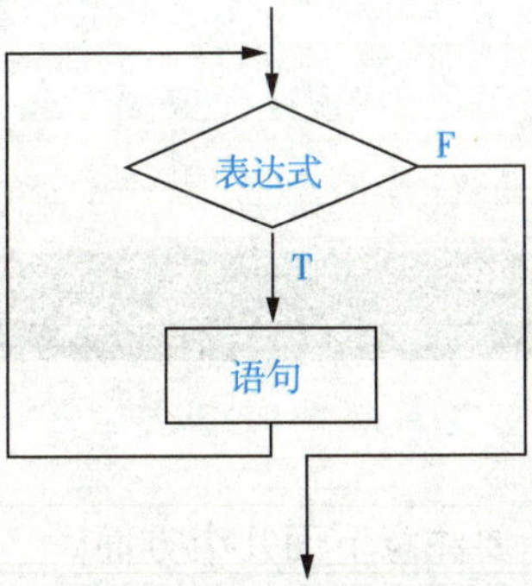

图6-2　while语句执行流程图

while语句执行需要说明以下几点。

(1)while语句的特点是先计算表达式的值，然后根据表达式的值决定是否执行循环体中的语句。因此，如果表达式的值一开始就为“假”，那么循环体一次也不执行。

(2)当循环体由多个语句组成，必须用{}括起来，构成复合语句。如果不加花括号，则while语句的范围只到while后的第一个分号处。

(3)在循环体中应有使循环趋于结束的语句，以避免“死循环”的发生。

(4)单独一个分号也为一条有效语句，即空语句，表示什么也不执行。空语句作为循环体时，一般用作延时。

【例 6.2】用 while 语句编程求 1+2+…+100 的累加和。

【分析】这是一个多个数求和的问题，可以用循环语句来解决。根据计算过程，可以画出其 N-S 图，如图 6-3 所示。

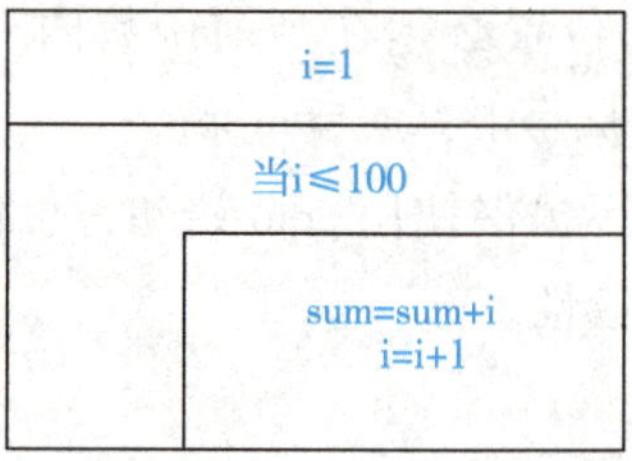

图 6-3　例 6.2 算法 N-S 图

参考程序如下。

```
int main()
{
int i =1,sum =0;            /* 初始化循环控制变量 i 和累计器 sum*/
while(i<=100)               /* 条件判断,控制循环*/
{ sum += i;                 /* 实现累加*/
i++;                /* 循环控制变量自 i 增 1*/
}
printf("sum =% d\n",sum);
return 0;
}
```

运行结果如图 6-4 所示。

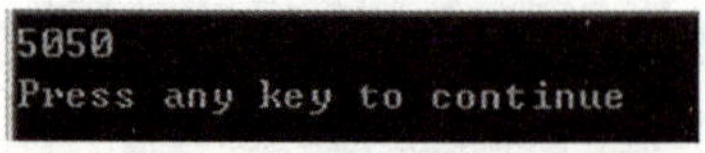

图 6-4　例 6.2 运行结果

在编写 while 循环程序时，要注意下面几个方面。

(1)while 语句中的表达式一般是关系表达式或逻辑表达式，只要表达式的值为真(非 0)即可继续循环。表达式的值是循环的控制条件。

(2)循环体如果包含一个以上的语句，应该用花括号括起来，以复合语句的形式出现。如果不加花括号，则 while 语句的循环体只包含一条语句。如例 6.2 中，while 语句中如无花括号，则 while 语句的循环体只有“sum+=i；”一条语句。

(3)当型循环的循环体语句有可能一次也不执行。

(4)通常情况下，程序中会利用一个变量来控制 while 语句的表达式的值，这个变量被称为循环控制变量。如在例 6.2 中的变量 i 就是循环控制变量。在执行 while 语句之前，循环控制变量必须初始化，否则执行的结果将是不可预知的。

(5)在 while 语句的某处(表达式或循环体中)应有使循环趋向于结束的语句，即改变循环控制变量的值的语句，否则极易造成死循环。如例 6.2 的语句“i++;”，只有 i 不断增加，才能使循环结束的条件“i>100”最终达到，从而结束循环。

(6)允许 while 语句的循环体也是 while 语句，从而形成双重循环。例如，下面的程序包含了一个二重循环。

```
i =1;
while(i<=9)
{
    j =1;
    while(j<=9)
    {
        printf("% d*  % d =% d\n", i, j, i* j);
j++;
    }
i++;
}
```

6.1.3　do-while 语句

do-while 语句可以实现直到型循环结构，其特点是：先执行一次循环体中的语句，再通过判断表达式的值来决定是否继续循环，循环条件的测试是在循环的尾部进行的。它是一种专门的直到型循环语句。

其一般形式如下。

```
do
循环体语句
while(表达式);
```

同 while 语句一样，其中循环体语句为循环操作，表达式为循环条件。

其具体执行过程为：先执行一次循环体语句，然后判别表达式，若表达式的值为真(非 0)，返回重新执行循环体语句，如此反复，直到表达式的值为假(等于 0)时才结束 do-while 循环，如图 6-5 所示。

【例 6.3】用 do-while 语句编程求 1+2+…+100。

算法 N-S 图如图 6-6 所示。

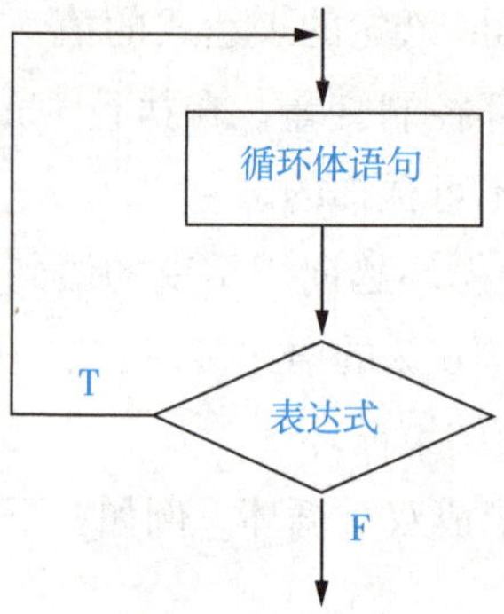

图 6-5　do-while 循环执行流程图

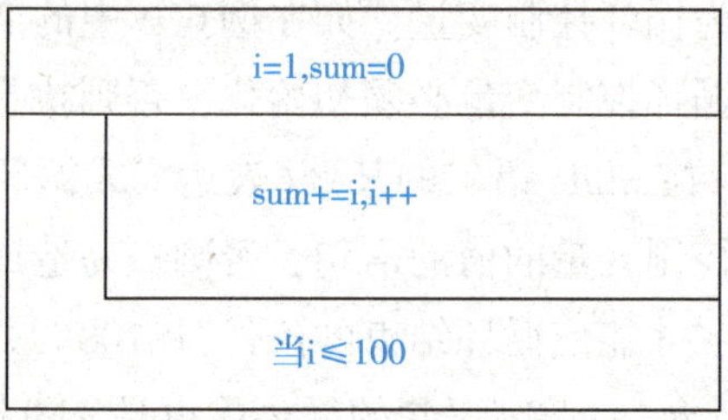

图 6-6　例 6.3 算法 N-S 图

参考程序如下。

```
#include<stdio. h>
int main()
{int i =1,sum =0;
do
{sum+=i;
i++;
}
while(i<=100);
printf("sum =% d\n",sum);
return 0;
}
```

运行后输出结果与图 6-4 所示一样。

注意：不要遗忘了 do-while 语句中表达式括号后面的分号“;”。此外，为了便于区分 while 语句和 do-while 语句，即使 do-while 语句中循环体只有一个语句，也最好用花括号将循环体括起来，并且把语句中“while(表达式);”部分直接写在“}”的后面，以免混淆这两种语句形式。

可以看到，对同一个问题可以用 while 语句处理，也可以用 do-while 语句处理，但不管用哪种语句处理，对循环控制变量赋初值时，一定不能将赋值语句放到循环体语句中，而要放到循环语句之前，否则，程序将是一个死循环。分析下面的程序。

```
int main()
{
int i,sum =0;
do
{
i =1;                    /* 循环控制变量 i 在循环体内赋初值*/
sum+=i;
i++;
}while(i<=100);
printf("sum =% d\n",sum);
```

```
return 0;
}
```

由于循环控制变量 i 在每执行一次循环体时都被重新赋值为 1，即 i 值在整个程序执行过程中，总在 1 与 2 之间变化，不可能大于 100，所以本程序是一个死循环。

说明如下。

(1)在 if 语句和 while 语句中，表达式后面都不能加分号，而在 do-while 语句的表达式后面则必须加分号。

(2)do-while 循环与 while 循环的主要区别是：do-while 循环总是先执行一次循环体，然后再求表达式的值，因此，无论表达式的值是否为真，循环体至少执行一次；而 while 循环先判断循环条件再执行循环体，循环体可能一次也不执行。因此，当循环体语句至少要执行一次时，while 和 do-while 语句可以相互替换。

(3)do-while 语句也可以组成多重循环，并且可以和 while 语句相互嵌套。

(4)其他方面，例如当循环体内有多个语句时须用{}括起来组成复合语句，还有要避免死循环等要求，与 while 循环语句相同。

【例 6.4】任意输入 3 个整数，求它们的最小公倍数。

程序如下。

```
#include <stdio. h>
int main()
{
    int a, b, c;
    int n =0, i, j, k;
    printf("Please input three numbers: ");
    scanf("% d% d% d", &a, &b, &c);
    do
    {
        n++;
        i =n% a;
        j =n% b;
        k =n% c;
    }while(i!=0 || j!=0 || k!=0);
    printf("The Lease Common Multiple is % d\n", n);
return 0;
}
```

【例 6.5】将例 5.9 的猜数游戏改为：先由计算机“想”一个 1 ~ 100 之间的数请玩家猜，如果玩家猜对了，则结束游戏；否则计算机给出提示，告诉玩家所猜的数是太大还是太小，玩家根据计算机反馈的信息重复猜数，直到玩家猜对为止。计算机记录玩家猜的次数，以此来反映玩家猜数的水平。

【分析】本题的算法只需在例 5.9 程序的基础上增加循环即可，算法流程图如图 6-7 所示。

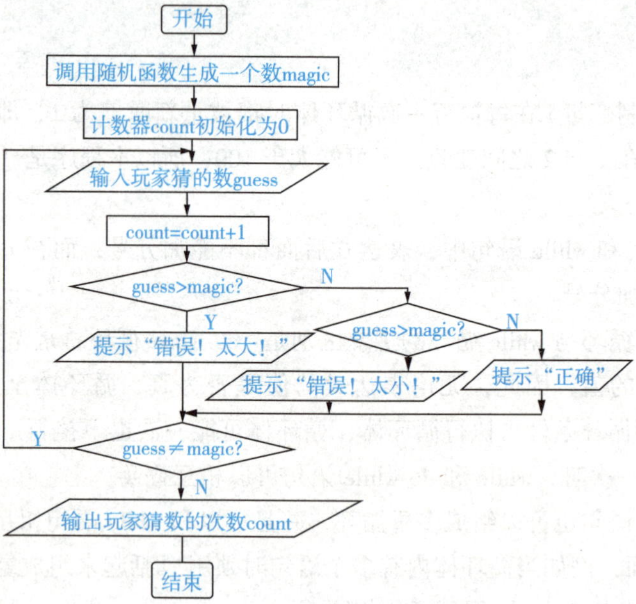

图 6-7 例 6.5 算法流程图

参考程序如下。

```
#include <stdlib. h>
#include <time. h>        /* 将函数 time()所需要的头文件“time. h”包含到程序中*/
#include <stdio. h>
int main()
{
int magic;                  /* 计算机“想”的数*/
int guess;            /* 玩家猜的数*/
int counter =0;                 /* 记录玩家猜数次数的计数器变量*/
srand(time(NULL));              /* 为函数 rand()设置随机数种子*/
magic =rand()% 100 +1;          /* 调用 rand()“想”一个 1 ~100 间的随机数*/
    counter =0;
    do{
            printf("Please guess a magic number:");
            scanf("% d", &guess);          /* 输入玩家猜的数*/
    counter++;
    if(guess>magic)             /* 猜大了*/
{
printf("Wrong! Too high!  \n");
}
else if (guess<magic)           /* 猜小了*/
{
printf("Wrong! Too low! \n");
}
else                            /* 猜对了*/
```

```
        {
                printf("Right ! \n");
                printf("The number is:% d\n", magic);
        }
    }
    while (guess ! = magic);
    printf("counter = % d \n", counter) ;
    return 0;
}
```

运行结果如图6-8所示(因运行次数较多，仅给出最后部分测试图)。

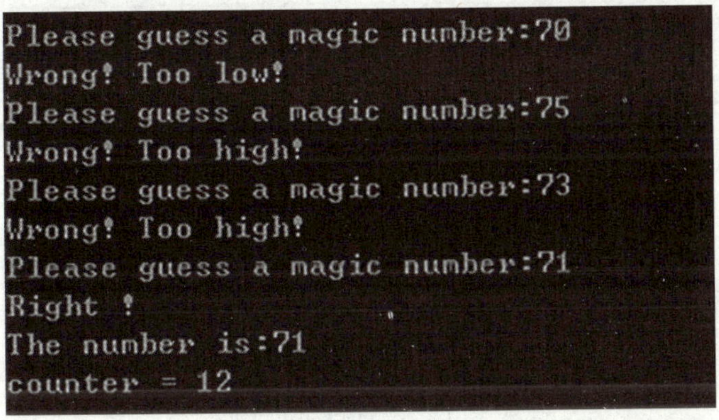

图6-8　例6.5运行结果

说明：函数rand()生成的随机数其实只是一个伪随机数，可通过调用标准库函数srand()初始化随机数函数rand()。“srand(time (NULL))”表示以计算机当前系统时间作为随机数发生器的种子，这样随机数函数rand()每次执行时都会产生不同的随机数。使用函数time()时，需用#include包含头文件“time. h”。

6.1.4　for语句

for语句用于实现当型循环，它是C语言中最有特色的循环语句，使用最为灵活方便。for语句与while语句的区别在于，for语句不仅可用于循环次数已经确定的情况，也可用于循环次数不确定而只给出循环结束条件的情况，通过判定循环条件来控制循环。因此，它完全可以替代while语句。

for语句的一般格式为：

```
for(表达式1;表达式2;表达式3)
循环体语句
```

其中，表达式1通常用来给循环变量赋初值，一般是赋值表达式，也允许在for语句外给循环变量赋初值，此时可以省略该表达式。表达式2通常是循环条件，一般为关系表达式或逻辑表达式。表达式3通常用来修改循环控制变量的值(增量或减量运算)，一般是赋值语句，它使得在有限次循环后，可以正常结束循环。其执行流程图如图 6-9 所示。具体描述如下。

(1)先计算表达式 1 的值。

(2)再计算表达式 2 的值，若其值为假(0)，则结束循环，转向第(5)步；若其值为真(非 0)，则执行循环体语句，然后转向第(3)步。

(3)计算表达式 3 的值。

(4)转回第(2)步继续执行。

(5)循环结束，执行 for 语句后面的语句。

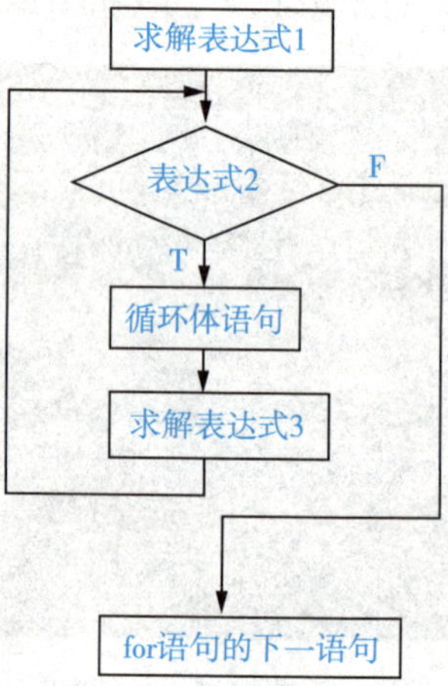

图 6-9　for 循环执行流程图

在整个 for 循环过程中，表达式 1 只计算一次，表达式 2 和表达式 3 则可能计算多次。循环体可能多次执行，也可能一次都不执行。

for 语句完全可以用 while 代替，但 for 语句直观、简单、方便。

for 语句可以 while 语句相互转换，如图 6-10 所示。

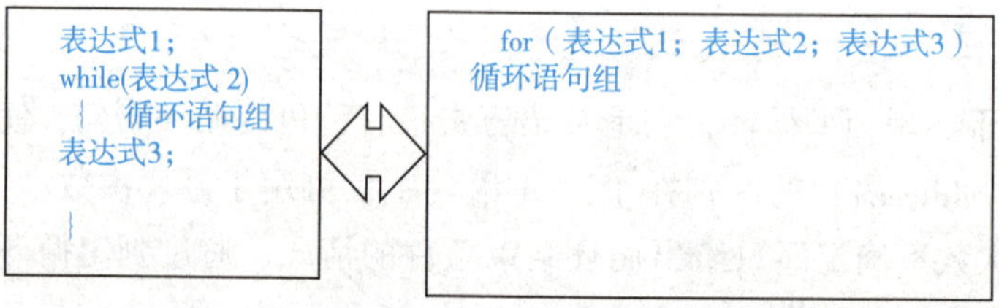

图 6-10　for 语句与 while 语句转换关系图

【例 6.6】用 for 语句写程序计算 sum=1+2+3+…+100 累加和。

【分析】此题可用循环语句来编写程序，循环控制变量 i 从 1 增加到 100。设 sum 的初值为 0，则循环体为：

```
sum=sum+i;      /* i=1,2,…,100*/
```

参考程序如下：

```
#include <stdio. h>
int main()
{
    int sum =0,i;
    for(i =1; i<=100; i++)
    sum =sum+i;/* 循环体语句* /
    printf("sum = % d\n", sum);
    return 0;
}
```

运行后输出结果与图 6-4 所示一样。

上面程序中，for 语句的执行过程如下。

① 计算表达式 1“i=1;”，得到循环控制变量的初值。

② 求解表达式 2，若表达式 2 的值为零(当 x>100)，则结束 for 循环。

③ 执行循环体语句“sum=sum +i;”。

④ 求解表达式 3“i++;”，然后转向步骤②。

在使用 for 语句时，要注意以下几点。

(1)for 语句形式非常灵活，有多种变形，其语句中的各表达式可以省掉其中的一个、两个或全部，但用于间隔 3 个表达式的分号间隔符一个也不能省略。

例如：

```
for(;表达式 2;表达式 3)          /* 省去了表达式 1*/
for(表达式 1;;表达式 3)          /* 省去了表达式 2*/
for(表达式 1;表达式 2;)      /* 省去了表达式 3*/
for(;;)     /* 省去了全部表达式*/
```

① 省略表达式 1。此时应在 for 语句之前给循环变量赋初值。如：

```
int main()
    { int n =1,s =0;        /* 说明 n,s 为整型变量并分别赋初值*/
    for(;n< =100;n++)
    s =s+n;
    printf("s =% d\n",s);
return 0;
}
```

执行时，跳过求解表达式 1 这一步，其他不变。

② 省略表达式2，即不判断循环条件，则认为表达式2 始终为真，故是一个死循环。为了保证程序能够正常退出，此时应在循环体语句部分加上使循环退出的语句。如：

```
for(i =1;i++)
{sum =sum+i;
if(i>100) break;  /* 如果 i>100,执行 break 语句,强行退出循环* /
}
```

③ 省略表达式 3，此时也应设法保证循环能正常结束。一般可将表达式 3 作为循环体的一部分。如：

```
for(i =1;i < =100;)
{sum =sum +i;
i ++;}
```

④ 省略表达式 1 和表达式 3。即为上述第①和③种情况的综合，此时完全等同于 while 语句。如：

```
i =1;
for(;i < =100;)
{sum =sum +i;
i ++;}
等效于：
i =1;
while(i < =100)
{sum =  sum +i;
i ++;}
```

⑤ 省略全部表达式，程序将成为死循环。例如：

```
int main()
      { int n =1,s =0;
for(; ;)              /*  等效于"while( 1)*  "/
         { s =s +n; n ++;}
            printf("s =% d \n",s);
   return 0;
}
```

因此，应在循环体语句中增加能够结束循环的语句。可将以上程序修改如下：

```
int main()
      {int n =1,s =0;
         for(; ;)
            {s =s +n; n ++;
            if   (n > =100)   break; }
            printf("s =% d \n",s);
      return 0;
}
```

⑥ 表达式 1 可以是设置循环变量初值的赋值表达式，也可以是与循环变量无关的其他表达式。因为在整个循环的执行过程中，表达式 1 只执行一次。如：

```
i =1;
for(sum =0;i < =100;i ++)sum + =i;
```

(2) for 语句中的 3 个表达式都可以是逗号表达式，即每个表达式都可由多个表达式组成。例如：

```
for(sum =0,i =1;i< =100;i++, sum+ =i);
```

注意：这个语句末尾的分号表示循环体为空语句，不可省略。

(3)如果要让一个循环执行 m-n 次(其中 m>n)，一般有以下两种形式：

```
for(i =n;i <m;i ++)
```

或

```
for(i =m;i >n;i--)
```

例如，让循环执行 3 次的写法有：

```
for(i =0;i <3 ;i ++)
```

或

```
for(i =3;i >0;i--)
```

(4)表达式 2 一般是关系表达式或逻辑表达式，但也可以是数值表达式或字符表达式，只要其值为非 0，就认为值为真，执行循环体。例如：

```
for(i =0;(c =getchar())!= '\n';i ++)
循环体语句;
```

在表达式 2 中先从终端接收一个字符赋给变量 c，然后判断该字符是否为“'\n'”(换行符)，如果不为“'\n'”，就执行循环体语句。

从上面的分析可知 C 语言的 for 语句形式变化多样，但这些变化形式往往会使 for 语句显得杂乱，可读性降低，建议编程时尽量用 for 语句的基本形式。

任务 2 辅助控制语句和循环嵌套

任务描述

前面介绍的循环，只能在循环条件不成立的情况下才能退出循环。可是有时人们希望从循环中直接退出来或重新开始下一次循环。要想实现这样的功能就要用到下面的语句。

任务分析

辅助控制语句让程序能更好地应对复杂多变的现实需求。以实时监控系统为例，在不断采集数据的循环过程中，若检测到异常数据，break 语句可及时终止当前数据采集循环，触发警报并进行相应处理，确保系统安全稳定。

任务重点与实施

6.2.1 break 语句

break 语句的形式为：

```
break;
```

break 语句是限定转向语句，它使流程跳出所在的结构，把流程转向所在结构之后。前面已经在 switch 语句中使用过 break 语句，使流程跳出 switch 结构，继续执行 switch 结构后面的一个语句。事实上，break 语句是一种具有特殊功能的无条件转移语句，它也可以用于循环体内。break 语句在循环结构中的作用是相同的——跳出所在的循环结构，强迫循环提前终止，转向执行该循环结构后面的语句。

说明如下。

(1)通常 break 语句总是与 if 语句联在一起，即满足某条件时便跳出循环。

(2)break 语句只能跳出它所在的那一层循环，即在多层循环中，break 语句只向外跳一层，而不能一下跳出最外层。

【例 6.7】break 语句应用示例：计算 s=1+2+3+…+100。

程序如下：

```
#include <stdio. h>
int main()
{     int s=0, i=1;
      for  ( ;  ;)                         /* for 的特殊使用形式,条件恒真*/
      {
            s=s+i;
            i++;
            if(i>100) break;               /* 如果 i>100,则退出循环*/
      }
      printf("累计和 s=% d\n",s);
      return 0;
}
```

运行结果如图 6-11 所示。

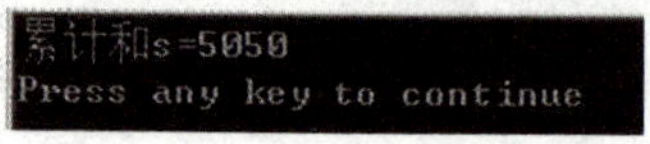

图 6-11　例 6.7 运行结果

在本程序执行中，当i>100时，强行终止for循环，继续执行for语句的下一条语句printf("累计和 s=%d\n", s);

需要说明的是在一个switch()语句中使用break，只会影响switch，而不会影响它所在的循环。

另外，一个break只能跳出最内层的循环。例如：

```
for(i=0;i<100;i++)   /* 外循环*/
{
count=1;
for( ; ; )       /* 内循环*/
{
printf("% d",count);
count++;
if (count==10)       break;/* 此处 break 如果执行,只能跳出内循环*/
}
}
```

这个程序段的功能是在屏幕上显示数字1到10共100次，每当编译程序碰到break语句，就回到for循环的外层。

6.2.2　continue 语句

continue 语句的形式为：

```
continue;
```

continue 语句被称为继续语句。continue 语句只能出现在循环语句的循环体中。该语句的功能是使本次循环提前结束，即跳过循环体中 continue 语句后面尚未执行的循环体语句，继续进行下一次循环的条件判别。

说明如下。

(1)continue 语句只用于 while、do-while 和 for 等循环语句中，常与 if 语句一起使用，起到加速循环的作用。

(2)continue 语句与 break 语句的区别是：continue 语句只结束本次循环，而不是终止整个循环的执行；而 break 语句则是结束整个循环过程，不再判断循环条件是否成立。

【例6.8】continue 语句应用示例：求输入的十个整数中正数的个数及其平均值。

参考程序如下：

```
#include <stdio. h>
int main()
{   int i,num=0,a;
    float sum=0;
    for(i=0;i<10;i++)       /* i为循环控制变量*/
    { scanf("% d",&a);              /* 读入整数,将其值赋给变量 a*/
```

```
        if(a<=0)   continue;              /* 如果为负数则结束本次循环*/
        num++;                             /* 对输入的正数计数*/
        sum+=a;                           /* 求和*/
    }
    printf("%d plus integer's sum :%6.0f\n",num,sum); /* 输出所有正整数的和*/
    printf("Mean value:%6.2f\n",sum/num);/* 输出所有正整数的平均值*/
    return 0;
}
```

运行结果如图 6-12 所示。

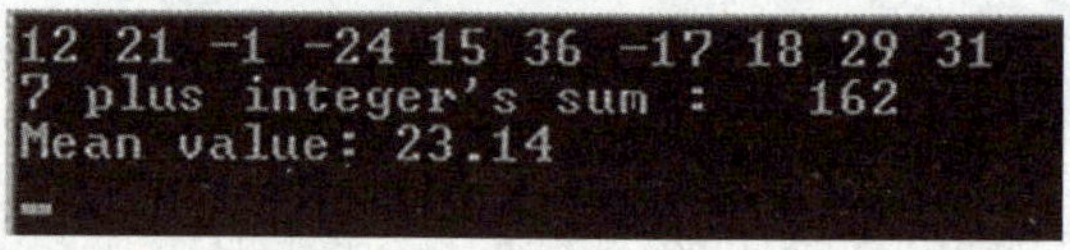

图 6-12　例 6.8 运行结果

6.2.3　循环嵌套

在循环体语句中又包含有另一个完整的循环结构的形式，称为循环的嵌套。嵌套在循环体内的循环体称为内循环，外面的循环体称为外循环。如果内循环中又有嵌套的循环语句，则构成多重循环。while、do-while、for3 种循环都可以互相嵌套。表 6-1 列出了几种常用循环嵌套格式。

表 6-1　几种常用循环嵌套格式

序号	格式	序号	格式

1	while()
	{ while()
	{ }
	}
		2	for(;;)
			{for(;;)
			{ }
			}

3	do
	{do
	{ }
	while();
	}
	while();
		4	while()
			{do
			{ }
			while();
			}

5	for(;;)
	{while()
	{ }
	}
		6	do
			{for(;;)
			{ }
			}while()

这里列出了几种双层嵌套的格式。实际上循环可以嵌套很多层，内嵌的循环中还可以嵌套循环，这就是多重循环。按循环层次数，分别称为二重循环、三重循环等。

处于内部的循环叫内循环，处于外部的循环叫外循环。

嵌套的循环是这样执行的：因为内循环是外循环的循环体语句，所以外循环控制变量的值每变化一次，则内循环要执行一个“轮回”，即内循环控制变量的值从“初值”变化到“终值”，也就是说内循环执行到退出为止。下面以一个二重循环说明其执行过程。

```
for(m =1;m <3;m ++)
 for(n =1;n <4;n ++)
  s =m+n;
```

该程序段的执行过程如表 6-2 所示。

表 6-2　嵌套循环执行过程示例

外循环控制变量 m	内循环控制变量 n	语句 s
m=1	n=1	s=m+n=2
	n=2	s=m+n=3
	n=3	s=m+n=4
m=2	n=1	s=m+n=3
	n=2	s=m+n=4
	n=3	s=m+n=5

6.2.4　循环结构程序设计案例

【例 6.9】利用$\frac{\pi}{4}\approx 1-\frac{1}{3}+\frac{1}{5}-\frac{1}{7}\cdots$，计算 π 的值，直到最后一项的绝对值小于 10^{-4} 为止，要求统计总共累加了多少项。

【分析】这也是一个累加求和问题，但这里循环次数是预先未知的，而且累加项以正负交替的规律出现，如何解决这类问题呢?

在本例中，通过寻找累加项通式的方法得到累加项的构成规律为 term=sign/n，即累加项由分子和分母两部分组成。分子 sign 按+1，-1，+1，-1，…交替变化，可通过反复取其自身的相反数再重新赋值(即 sign=-sign)的方法来实现累加项符号的正负交替变化，其中 sign 初值需取为 1。分母 n 按 1，3，5，7，…变化，即每次递增 2，可通过 n=n+2 来实现，其中 n 初值取为 1。此外，还要设置一个计数器变量 count 来统计累加的项数，其中 count 初值需取为 0，在循环体中每累加一项就增值 1。

用 do-while 语句编程如下。

```
#include <math. h>
#include <stdio. h>
int main()
{
     double sum =0,term, sign =1；
int      count =0,n =1;
do{
```

```
term =sign/n;                    /* 由分子 sign 除以分母 n 计算累加项*/
        sum =sum +term;          /* 执行累加运算*/
        count++;                     /* 计数器变量 count 记录累加的项数*/
        sign =- sign;            /* 改变分子*/
n =n+2;  /* 改变分母* /
}
while(fabs(term)> =1e-4                   /* 判断累加项是否满足循环终止条件*/
printf("pi =% f\ncount =% d\n", sum* 4, count);
return 0;
}
```

运行结果如图 6-13 所示。

图 6-13　例 6.9 运行结果

【例 6.10】找零钱问题：把一元纸币换成一分、两分和五分的硬币，有多少种换法？输出所有可能的方案。

【分析】根据生活常识，这种换法有很多种，设一分、两分和五分的硬币的个数分别为 one、two、five，根据题目要求可列出如下方程：

$$one+2\times two+5\times five=100$$

未知数的个数多于方程个数，是一个有多解的方程，可以用穷举搜索法来处理这类问题。

依题意，one、two、five 都应该是零或正整数，且它们的取值范围如下。

five：0～20　（假定一元都用五分去换，需要 20 枚）。

wo：0～50　（假定一元都用两分去换，需要 50 枚）。

one：0～100　（假定一元都用一分去换，需要 100 枚）。

根据以上条件，列出 one、two、five 的所有可能取值，找到满足方程的解。因为有多组解，为了表示不同解和统计的方便，用变量 i 表示解的序号。

```
#include<stdio. h>
int main()
{
   int one,two,five,i =0;           /* i 为有效解个数统计*/
   for(five =0;five< =20; five++)
      { for(two = 0;two<= 50;two++)
{one =100- five* 5- two* 2;
           if(one> =0)
           {  i++;
                printf("NO. % d    五分:% d    两分:% d    一分:% d\n",i,five,two,one);
```

```
            }
            else
                break;                          /* one<0 时跳出 two 循环*/
    }
        }
        printf("共有%d 种换法\n",i);
        return 0;
    }
```

运行结果如图 6-14 所示(由于结果太多，这里只截取最后部分的结果)。

```
NO.535  五分:18  两分:3  一分:4
NO.536  五分:18  两分:4  一分:2
NO.537  五分:18  两分:5  一分:0
NO.538  五分:19  两分:0  一分:5
NO.539  五分:19  两分:1  一分:3
NO.540  五分:19  两分:2  一分:1
NO.541  五分:20  两分:0  一分:0
共有541种换法
```

图 6-14　例 6.10 运行结果

【例 6.11】打印九九乘法表。

【分析】一般二维表格可以用双重循环处理输出。这里需要设两个循环变量 i 和 j 分别用来控制行和列的输出。

参考程序如下：

```
#include <stdio.h>
int main()
{ int i,j;
    printf("------------------------九九乘法表--------------------------\n");
    for(i=1;i<10;i++)
    {
    for(j=1;j<=i;j++)
        printf(" %d* %d=%2d ",i,j,i* j);
    putchar('\n');
    }
}
```

运行结果如图 6-15 所示。

```
1*1= 1
2*1= 2  2*2= 4
3*1= 3  3*2= 6  3*3= 9
4*1= 4  4*2= 8  4*3=12  4*4=16
5*1= 5  5*2=10  5*3=15  5*4=20  5*5=25
6*1= 6  6*2=12  6*3=18  6*4=24  6*5=30  6*6=36
7*1= 7  7*2=14  7*3=21  7*4=28  7*5=35  7*6=42  7*7=49
8*1= 8  8*2=16  8*3=24  8*4=32  8*5=40  8*6=48  8*7=56  8*8=64
9*1= 9  9*2=18  9*3=27  9*4=36  9*5=45  9*6=54  9*7=63  9*8=72  9*9=81
```

图 6-15　例 6.11 运行结果

知识拓展

智能交通中关于 C 语言的运用

在智能交通领域，C 语言以其高效性、可移植性和对硬件的直接操控能力，发挥着不可替代的重要作用。下面主要介绍 C 语言在智能交通中的运用。

1. 车载系统开发

(1) 发动机控制系统。发动机控制系统需要精确控制燃油喷射、点火时间等参数，以确保发动机的高效运行。C 语言可以直接操作微控制器的寄存器，实现对传感器数据的快速采集和处理，以及对执行器的精确控制。例如，通过 C 语言编写代码读取曲轴位置传感器、节气门位置传感器等的数据，根据预设的算法计算出最佳的燃油喷射量和点火时间，然后通过控制喷油嘴和火花塞来实现精确控制。

(2) 车载娱乐系统。车载娱乐系统包括收音机、音乐播放、导航等功能。C 语言可以用于开发这些功能的底层驱动和应用程序。

2. 交通信号控制

(1) 信号灯控制算法实现。交通信号灯的控制需要根据不同的交通流量和时间进行合理的调度。C 语言可以实现各种信号灯控制算法，如定时控制算法、感应控制算法等。通过编写 C 语言代码，对交通流量传感器采集的数据进行分析，根据算法调整信号灯的时长和切换顺序，以提高交通效率。

(2) 信号机设备开发。交通信号机是控制信号灯的核心设备，其硬件通常基于嵌入式系统。C 语言可以用于开发信号机的固件，实现与传感器、信号灯的通信，以及对控制算法的执行。通过 C 语言编写的固件，可以对信号机进行精确的控制和管理。

3. 智能监控系统

(1) 视频监控设备驱动。智能交通中的视频监控系统需要对大量的视频数据进行采集、处理和存储。C 语言可以用于开发视频监控设备的驱动程序，实现对摄像头的控制和视频数据的采集。例如，通过 C 语言编写代码，配置摄像头的分辨率、帧率等参数，将采集到的视频数据传输到存储设备或进行实时处理。

(2) 目标检测与识别算法。在视频监控中，需要对车辆、行人等目标进行检测和识别。C 语言可以实现各种目标检测和识别算法，如基于图像处理的边缘检测、特征提取等算法。通过 C 语言编写的算法，可以对视频图像进行实时分析，识别出目标的类型和位置，为交通管理提供重要的信息。

4. 智能交通管理系统

(1) 数据采集与传输。智能交通管理系统需要采集各种交通数据，如交通流量、车速、道路状况等，并将这些数据传输到管理中心。C 语言可以用于开发数据采集终端的程序，实现对传感器数据的采集和处理，以及通过网络将数据传输到管理中心。例如，使用C语言编写代码，读取交通流量传感器的数据，将数据进行打包和加密后通过通用分组无线业务或以太网发送到管理中心。

(2)数据分析与决策支持。管理中心需要对采集到的交通数据进行分析和处理，以做出合理的决策。C语言可以用于开发数据分析算法，如交通流量预测算法、拥堵预警算法等。通过C语言编写的算法，可以对大量的交通数据进行快速处理和分析，为交通管理部门提供决策支持。

项目小结

本项目主要介绍了if语句和break语句的相关内容。首先介绍了goto语句以及用goto语句构成循环、while语句和do-while语句；其次介绍了辅助控制语句和循环嵌套；最后介绍了循环结构程序设计案例。通过本项目的学习，学生能够掌握循环结构与其他程序结构的协同工作方式，以及如何利用循环结构实现程序的自动化和智能化。

项目习题

一、填空题

1. 标号必须与goto语句同处于一个________中，但可以不在________循环层中。

2. for语句不仅可用于____________已经确定的情况，也可用于________不确定而只给出循环__________的情况，通过判定循环条件来____________。

3. continue语句被称为________。continue语句只能出现在循环语句的_______中。

4. 处于内部的循环叫__________，处于外部的循环叫__________。

二、简答题

1. while语句执行需要说明哪几点？

2. 在编写while循环程序时，要注意哪些方面？

3. do-while语句可以实现直到型循环结构，简述其特点。

项目7　数组与字符串

项目导读

数组用于存储相同类型的多个元素，而字符串则是通过字符数组来实现，用于表示和处理文本数据。数组是一种数据结构，用于存储相同类型的多个元素，它是C语言中处理数据集合的核心工具。在C语言中，字符串是通过字符数组来实现的。通过字符串，可以方便地表示和操作文本数据，如字符串的拼接、比较、搜索等。本项目主要介绍数组和字符串的相关知识。

学习目标

- 了解一维、二维和字符数组的定义。
- 掌握一维、二维的引用。
- 掌握一维、二维和字符数组的初始化方法。
- 用于字符串处理的几个函数。

思政目标

- 引导学生树立正确的世界观、人生观和价值观。
- 引导促进学生树立正确劳动观念和敬业工作态度的养成，培养学生爱岗精神和工匠精神。

任务1　一维数组

任务描述

程序设计语言为了处理类似的批量数据，提供了一种组织数据的机制——数组。

每个数组都有一个名字，称为数组名。数组中的每个元素都有一个唯一的编号，称为“下标”。下标从0开始顺序增加，即第一个元素下标为0，第二个元素下标为1，第三个元素下标为2……访问数组的一个元素时使用该元素在数组中的下标。

任务分析

一维数组是最简单的数组，指数组中元素只带有一个下标的数组。一维数组可以看作一个数列或者一个向量，其中的元素用一个统一的数组名来标识，用一个下标来指示其在数组中的位置。对一维数组中的元素进行处理时，常常需要通过一重循环来实现。

任务重点与实施

7.1.1　一维数组的定义

在C语言中使用数组必须先进行定义，以便告诉计算机，该数组由哪些数据组成，数组中有多少元素，属于哪个数据类型。

一维数组的定义方式为：

```
类型说明符 数组名[常量表达式];
```

其中，类型说明符是任意一种基本数据类型或构造数据类型；数组名是用户定义的数组标识符；方括号中的常量表达式表示数据元素的个数，也称为数组的长度。

例如：

```
int a[5];
```

声明整型数组a，该数组由5个数组元素构成，其中每一个数组元素都属于整型数据类型。数组a的各个数据元素依次是a[0]，a[1]，…，a[4]。

```
float b[8],c[10];
```

声明实型数组b，有8个元素b[0]，b[1]，…，b[7]；与声明实型数组c，有10个元素c[0]，c[1]，…，c[9]。

```
char ch[30];
```

声明字符数组ch，有30个字符元素ch[0]，ch[1]，…，ch[29]。

关于数组类型有以下几点需要说明。

(1)数组名的书写规则应符合标识符命名规则。

(2)数组的类型实际上是指数组元素的取值类型。对于同一个数组，其所有元素的数据类型都是相同的。

(3)数组名不能与其他变量名相同。

(4)方括号中常量表达式表示数组元素的个数，如a[6]表示数组a有6个元素。但是其下标从 0 开始计算。因此 6 个元素分别为 a[0]，a[1]，a[2]，a[3]，a[4]，a[5]。

(5)不能在方括号中用变量来表示数组元素的个数，但是可以是符号常数或常量表达式。

例如：

```
#define LEN   5
    main()
{
        int k[3+2],t[7+LEN];
…
}
```

这是合法的。

但是下述说明方式是错误的。

```
  main()
{
    int len=5;
    int t[len];
…
}
```

(6)允许在同一个类型说明中，说明多个数组和多个变量。

例如：

```
int a,b,c,d,k1[10],k2[20];
```

(7)C 语言还规定，数组名是数组的首地址。即 a=&a[0]。

7.1.2 一维数组的初始化

通常对数组元素的赋值可采用两种方法：一种是先定义数组，再用赋值语句或输入语句给数组中的元素赋值；另一种是在定义数组的同时为数组元素设置初始值。

数组初始化赋值是指在数组定义时给数组元素赋初值。数组初始化是在编译阶段进行的，这样将减少运行时间，提高效率。初始化赋值的一般形式如下。

```
类型说明符 数组名[常量表达式]={值,值,…值};
```

其中，在{}中的各数据值即为各元素的初值，各值之间用逗号间隔。

例如：

```
int a[10]={ 0,1,2,3,4,5,6,7,8,9 };
```

相当于“a[0]=0；a[1]=1；…；a[9]=9；”。

C 语言对数组的初始化赋值还有以下几点规定。

(1)可以只给部分元素赋初值。

当{}中值的个数少于元素个数时，只给前面部分元素赋值，剩下的元素自动赋值为 0。例如：

```
int a[5]={7,6};
```

表明只给前 2 个元素赋初值，即 a[0]=7，a[1]=6，其他元素自动赋 0 值。所以，如果想给一个数组中的所有元素赋初值 0，可写成：

```
int a[5]={0};
```

(2) 只能给元素逐个赋值，不能给数组整体赋值。

例如，给十个元素全部赋 1 值，只能写为：

```
int a[10]={1,1,1,1,1,1,1,1,1,1};
```

而不能写为：

```
int a[10]=1;
```

也不能写成：

```
int a[10]={1* 10};
```

(3) 为数组元素指定值的写法只能用在初始化时，语句中不能采用。

例如：

```
int d[10]={0,1,2,3,4,5,6,7,8,9};
```

不能写为：

```
int d[10];
d={0,1,2,3,4,5,6,7,8,9};
```

(4) 对全部元素赋初值时，可以不指定数组长度，C 语言编译系统自动根据初值个数来决定数组长度。

例如：

```
int a[]={1,2,3,4,5};            /* 系统自动确定数组长度是 5*/
```

所以它等价如下声明：

```
int a[5]={1,2,3,4,5};
```

(5) 整形数组在未赋值时，其数组元素的值是不确定的。

例如，如果不进行初始化，定义 int a[5]，那么数组 a 中各个元素的值是随机的，而不是默认值 0。

7.1.3　数组元素的引用

必须先定义数组，才能引用数组中的元素。数组元素是组成数组的基本单元，也是一种变量，其标识方法是数组名后跟一个下标，此下标表示元素在数组中的顺序号。

对数组的引用最终都是通过对其元素的引用而实现的，并且在引用时，只能逐个引用数组元素而不能一次引用整个数组中的全部元素。引用数组中的任意一个元素的形式为：

```
数组名[下标表达式]
```

数组元素通常也称为下标变量，必须先定义数组，才能使用下标变量。也就是说，具体的数组元素使用规则等同于相同类型的普通变量，可以读取其值参与表达式运算以及其他运算，对其赋值。

例如：

```
int d,a[10] ={25,36,11,28};          /* 先声明数组*/
d =a[3]+88;                             /* 数组元素参与表达式运算*/
a[8] =d-55;                            /* 数组元素赋值*/
a[3] =(d!=a[3])+a[7]-d;          /* 其他混合运算*/
```

在程序中引用数组元素时，需要注意以下几点。

(1)下标表达式可以是整型常量或整型表达式，也可以使用变量，表达式的值一般为任何非负整型数据，取值范围是 0 ~ (元素个数-1)。

(2)特别强调：引用数组元素时，下标不能越界。在运行 C 程序的过程中，系统并不自动检验数组元素的下标是否越界。因此在编写程序时，保证数组下标不越界是十分重要的。

(3)一个数组元素，实质上就是一个变量，它具有和相同类型单个变量一样的属性，可以对它进行赋值和让它参与各种运算。

在 C 语言中，数组作为一个整体，不能参加数据运算，只能对单个的元素进行处理。

例如，输出有 10 个元素的数组必须使用循环语句逐个输出各下标变量：

```
for(i =0; i<10; i++)
printf("% d",a[i]);
```

而不能用一个语句输出整个数组。下面的写法是错误的：

```
printf("% d",a);
```

【例 7.1】用数组求解并且打印输出斐波那契数列(Fibonacci sequence)前 20 个数。

【分析】这是一个有趣的古典数学问题：有一对兔子，从出生后第 3 个月起每个月都生一对兔子。小兔子长到第 3 个月后每个月又生一对兔子。假设所有兔子都不死，问每个月的兔子总对数为多少？这个数学问题也就是著名的斐波那契数列，又称为黄金分割数列。在数学上，斐波那契数列是以递归的方法来定义。

```
F[0] =0
F[1] =1
F[n] =F[n-1]+F[n-2]
```

用文字来说，就是斐波那契数列由 0 和 1 开始，之后的斐波那契数就由之前的两数相加。前几个斐波那契数是：0，1，1，2，3，5，8，13，21，34，55，89，144，233，377，610，987，1 597，2 584，4 181，6 765，10 946，…。

参考程序如下：

```
#include <stdio. h>
int main()
{  int  i;
    int f[20] ={1,1};                          /* 部分初始化*/
for(i =2;i <20;i++)                            /* 通过循环求解*/
        f[i] =f[i-2]+f[i-1];          /* 公式*/
    for(i =0;i <20;i++)
    {  if(i%5 = =0)   printf("\n");   /* 控制每输出 5 个数据换一次行*/
        printf("%8d",f[i]);          /* 控制格式化输出元素*/
    }
    putchar('\n');
return 0;
}
```

运行结果如图 7-1 所示。

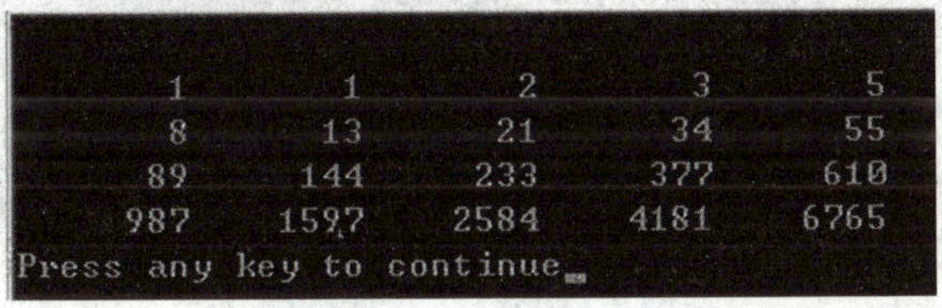

图 7-1　例 7.1 运行结果

【例 7.2】从键盘上输入 5 个数，输出最大、最小元素的值以及它们的下标。

【分析】本例中显然用循环和数组处理起来比较方便，可虑将 5 个数存放到数组 a[5]中，max 存放最大元素值，j 存放最大元素下标，min 存放最小元素值，k 存放最小元素下标。

可以用 for 循环语句将 max 和 min 与所有元素一一比较，比 max 值大的元素值赋给 max，比 min 小的元素值赋给 min，同时用变量 j，k 分别记录最大、最小元素的下标。

参考程序如下。

```
#define N 5       /* 定义常量 N,表示数组长度*/
#include<stdio. h>
int main()
{
    int i, j, k, max, min;
    int a[5];
    printf("输入 N 个整数\n");
```

```
        for(i =0; i<5; i++)
              scanf("% d",    &a[i]);
    max =min =a[0];          /* 假定第一个元素既是最大的,也是最小的*/
    j =k =0;                     /* 对分别记录最大、最小元素下标的变量 j 和 k 初始化*/
    for(i =1;i<5;i++)
    {
        if(max<a[i])
        { max =a[i];       /* 把当前最大值赋给 max */
            j =i;        /* 把当前最大值下标赋给 j*/
        }
        else if(min>a[i])
        {   min =a[i];             /* 把当前最小值送 min */
            k =i;        /* 把当前最小值下标送 k*/
        }
    }
    printf("max: a[% d] =% d, min: a[% d] =% d", j,max,k,min);
        return 0;
    }
```

运行结果如图 7-2 所示。

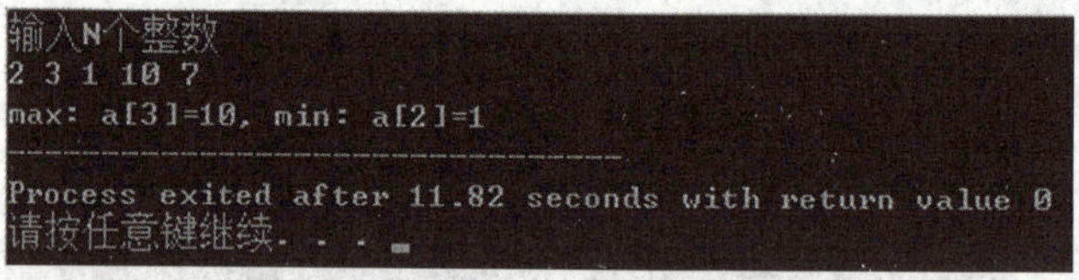

图 7-2　例 7.2 运行结果

在本例中，先定义数组 a，再通过循环语句和输入函数对 a 中元素逐个读入用户数据。为了使得输出显示友好，打印格式字符串中第一个“%d”用输出项第一项变量 j 的值替换，后面 3 个“%d”分别用 max、k、min 的值替换，其余字符原样输出。

7.1.4　一维数组的应用案例

【例 7.3】某个公司采用公用电话传递数据，数据是 4 位的整数，在传递过程中是加密的，加密规则如下：每位数字都加上 5，然后对 10 取余代替该数字，再将第一位和第四位交换，第二位和第三位交换。

【分析】本例可用循环和数组处理，将数组中存放的数字都加上 5，再对 10 取余代替该数字存放在数组中，然后用循环以中间的元素为中心，将其两侧对称的元素的值互换。

参考程序如下：

```
#include <stdio. h>
int main()
{
    int a,i,aa[4],t;
```

```
    printf("Please input a:\n");                /* 输入一个 4 位数*/
    scanf("% d",&a);
    aa[0] =a% 10;
    aa[1] =a% 100/10;
    aa[2] =a% 1000/100;
    aa[3] =a/1000;                              /* 依次将 4 位数的每位数存入数组中*/
    for(i =0;i < =3;i ++)
    {
        aa[i] + =5;
        aa[i]% =10;
    }
    for(i =0;i < =3/2;i ++)
    {
        t =aa[i];
        aa[i] =aa[3-i];
        aa[3-i] =t;                            /* 利用循环进行交换*/
    }
    for(i =3;i > =0;i--)
    printf("% d",aa[i]);
    return 0;
}
```

运行结果如图 7-3 所示。

图 7-3　7.3 运行结果

【例 7.4】为了详细地比较学生对程序设计课程的掌握程度，需要对该课程成绩进行排序。编写程序，输入一个班 50 名学生的程序设计课程成绩，然后按成绩由低到高的顺序输出该课程成绩。

排序是计算机程序设计中一类重要的问题，常用的经典排序算法有冒泡法、选择法、插入法、归并法等。本题采用冒泡算法完成。

【分析】冒泡算法思想如下(设对 n 个数排序，n 个数存放在 a 数组中)。

(1)一趟排序：从第一个数(设为 j)开始依次对相邻的两个数进行比较，如果是逆序(即 a[j]>a[j+1])就交换。经过第一趟(共 n-1 次比较与交换)后，最大的数已排在最后(“沉底”)，然后对余下的前面 n-1 个数进行第二趟比较。

(2)第二趟排序仍然从第一个数开始，依次对相邻的两个数进行比较，如果是逆序就交换。第二趟排序需要进行 n-2 次比较与交换，经过第二趟排序后次大的数被排在倒数第二个位置。

(3)如此重复以上过程，如果有 n 个数，则要进行 n-1 趟(做外循环)比较，在第 1 趟比较中要进行 n-1 次两两比较，在第 j 趟比较中要进行 n-j 次两两比较(做内循环)。

(4)经过两重循环即完成了冒泡排序。

冒泡算法的 N-S 图如图 7-4 所示。

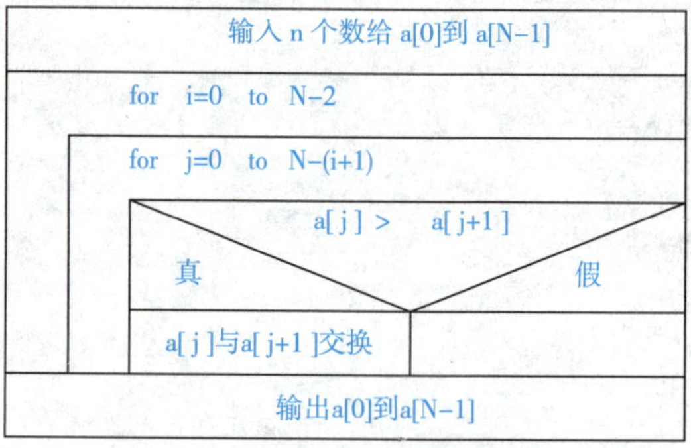

图 7-4 冒泡法的 N-S 图

参考程序如下：

```
#define N 50
#include <stdio. h>
int main()
{
   int a[N],i,j,t;
   printf("Please input50 numbers:\n");
   for(i =0; i<N;  i++)/* 输入 50 个学生成绩*/
scanf("% d",&a[i]);

for(i =0;   i<N-1;   i++)/* 冒泡排序*/
         for(j =0;j<N-(i+1);j++)
                  if(a[j]>a[j+1])
                  {
                           t=a[j];a[j]=a[j+1];a[j+1]=t;/* 交换*/
                  }
printf("numbers in rise order:\n");
   for(i =0;   i<N;   i++)/* 输出排序后的成绩*/
printf("% 4d",a[i]);
   return 0;
}
```

运行结果如图 7-5 所示。

排序是程序设计中常用的一种算法，对于例 7.4，除了冒泡法外，还可以用其他方法如选择法进行排序，其算法思想为：如果要对 n 个数据按由小到大的顺序进行排序，则首先找出最小的数与第一个数交换，然后在剩余的 n-1 个数中找出最小的数与第二个数交换……，如此重复，每比较一轮(即一趟排序，做内循环)，找出一个未排序的数中最小的数，共进行 n-1 趟排序(做外循环)，经过两重循环完成选择排序。

```
Please input 50 numbers:
40 41 42 43 44 45 46 47 48 49
59 58 57 56 55 54 53 52 51 50
60 61 62 63 64 65 66 67 68 69
79 78 77 76 75 74 73 72 71 70
80 82 87 81 99 93 90 86 89 83
numbers in rise order:
  40  41  42  43  44  45  46  47  48  49  50  51  52  53  54  55  56  57
  60  61  62  63  64  65  66  67  68  69  70  71  72  73  74  75  76  77
  80  81  82  83  86  87  89  90  93  99
```

图 7-5　例 7.4 运行结果

任务 2　二维数组

任务描述

二维数组是一种数据结构，它允许程序员以矩阵的形式存储和操作数据。在 C 语言中，二维数组是通过将一维数组作为数组元素来实现的，即“数组的数组”。

任务分析

二维数组在 C 语言中的意义不仅在于其数据存储和操作的能力，更在于它提供了一种直观且强大的方式来处理具有行列关系的复杂数据集合。这种结构使得二维数组能够自然地表示具有行列关系的数据，如图像像素、表格数据等。

任务重点与实施

7.2.1　二维数组的定义

和一维数组类似，二维数组的定义也要指出数组的数据类型、数组名及其可用元素的个数等。在 C 语言中二维数组的定义语句形式如下：

```
类型说明符 数组名[整型常量表达式 1] [整型常量表达式 2];
```

其中，常量表达式 1 表示第一维下标的长度，常量表达式 2 表示第二维下标的长度。

例如：

```
float b[3][3];
```

定义了一个二维数组 b，该数组由 9 个元素构成，其中每一个数组元素都属于实型数据。数组 b 的各个数据元素依次是：b[0][0]，b[0][1]，b[0][2]，b[1][0]，b[1][1]，b[1][2]，b[2][0]，b[2][1]，b[2][2]。它们在内存中的排列顺序如图 7-6(a)所示，对应关系如图 7-6(b)所示。

b[0] [0]
b[0] [1]
b[0] [2]
b[1] [0]
b[1] [1]
b[1] [2]
b[2] [0]
b[2] [1]
b[2] [2]

（a）排列顺序

	第 0 列	第 1 列	第 2 列
第 0 行	b[0] [0]	b[0] [1]	b[0] [2]
第 1 行	b[1] [0]	b[1] [1]	b[1] [2]
第 2 行	b[2] [0]	b[2] [1]	b[2] [2]

（b）对应关系

图 7-6　二维数组各元素排列顺序和对应关系

可以把二维数组看作一种特殊的一维数组，它的元素是一维数组，数组 b 也可以看作一个矩阵，如图 7-6(b)所示，每个元素有两个下标，第一个方括号中的下标代表行号，称为行下标，第二个方括号中的下标代表列号，称为列下标，其中每个数据元素都可以作为单个变量使用。

【例 7.5】给一个 2×3 的二维数组各元素赋值，并输出全部元素的值。

参考程序如下：

```
/* 功能:从键盘上给2×3 数组赋值,并在屏幕上显示出来。*/
#define Row 2
#define Col 3
#include <stdio. h>
int main()
{     int i, j, array[Row][Col];              /* 定义1个二行三列的二维数组 array*/
    for(i =0; i<Row; i++)                     /* 外循环:控制二维数组的行*/
      for(j =0; j<Col; j++)      /* 内循环:控制二维数组的列*/
        {
            printf("please input array[%2d][%2d]:",i,j);
          scanf("%d",&array[i][j]);           /* 从键盘输入 a[i][j]的值*/
        }
     putchar('\n');
      /* 输出二维数组 array*/
     for(i =0;i<Row;i++)
    {
        for(j =0;j<Col;j++)
            printf("%d\t",array[i][j]);        /* 将 a[i][j]的值显示在屏幕上*/
          printf("\n");
    }
return 0;
}
```

运行结果如图 7-7 所示。

```
please input array[ 0][ 0]:21
please input array[ 0][ 1]:22
please input array[ 0][ 2]:34
please input array[ 1][ 0]:56
please input array[ 1][ 1]:78
please input array[ 1][ 2]:99

21      22      34
56      78      99
Press any key to continue
```

图 7-7　例 7.5 运行结果

关于二维数组的几点说明如下。

(1)二维数组中的每个数组元素都有两个下标，且必须分别放在单独的“[ ]”内。

(2)二维数组定义中的第 1 个下标表示该数组具有的行数，第 2 个下标表示该数组具有的列数，两个下标之积是该数组元素的总个数。

(3)二维数组中的每个数组元素的数据类型均相同。二维数组中各个元素的存放规律是“按行排列”。

(4)二维数组可以看作数组元素为一维数组的数组。例如：例 7.5 中的数组 array [2][3]，可以看作是由两个一维数组 array [0]、array [1]、组成的。

7.2.2　二维数组的初始化

对二维数组的初始化操作，可以用以下几种方法实现。

(1)分行给二维数组所有元素赋初值。

例如：

```
int a[2][3] ={{1,2,3},{7,8,9}};
```

这种赋值方法是对数组中的元素按行逐个赋值，各行各列元素一目了然，清晰、直观，便于查错，对初学者建议使用这种方法。

(2)不分行给二维数组所有元素赋初值。

例如：

```
int a[2][3] ={1,2,3,7,8,9};
```

用这种方法给二维数组赋初值时，如果数据过多，容易产生遗漏，而且一旦出错也不易检查。

(3)给二维数组所有元素赋初值，二维数组第一维的长度可以省略，但第二维的长度不能省略。

例如：

```
int a[][3] ={1,2,3,7,8,9};
```

或：

```
int a[][3] ={{1,2,3},{7,8,9}};
```

编译程序会根据数组元素的总个数分配存储空间，计算出行数。对于本例，已知数组元素的总个数为 6，列数为 3，所以很容易确定行数为 2。

(4)对部分元素赋初值。

当某行花括号中的初值个数少于该行中元素的个数时，系统将自动默认该行后面的元素值为 0。也就是说对数组元素赋值时，应该是依次逐个赋值，而不能跳过某个元素给下一个元素赋值。

例如：

```
int a[2][3] ={{1,2},{5}};
```

相当于：

```
int a[2][3] ={{1,2,0},{5,0,0}}
```

7.2.3　二维数组元素的引用

定义了二维数组后，就可以引用该数组中的所有元素。需要特别指出的是，在引用数组时，要分清是对整个数组的操作还是对数组中某个元素的操作。

C 语言中对二维数组的引用形式如下。

```
数组名[下标 1][下标 2]
```

其中，下标可以是整型常量或整型表达式。

例如，有以下定义语句：

```
int   b[3][3],i,j;
```

则以下对数组元素的引用形式都是合法的。

b[0][0]：引用数组中的第 1 个元素。

b[1][1+1]：引用数组中的第 2 行第 3 个元素。

b[i][j]：引用数组中第 i+1 行第 j+1 个元素，其中 i 和 j 应同时满足是大于或等于 0 且小于 3 的整数。

对二维数组的引用，还应注意以下几点。

(1)引用二维数组元素时，下标 1 和下标 2 一定要分别放在两个方括号内，例如对 b 数组的引用不能写成 b[0, 0]、b[1, 1+1]或 b[i, j]，这些都是不合法的。

(2)在对数组元素的引用中，每个下标的值必须是整数且不得超越数组定义中的上、下界。常出现的错误是：

```
float   a[3][4];
…
a[3][4] =5. 25;
```

这里定义 a 为 3 行 4 列的数组，它可用的行下标最大值为 2，列下标最大值为 3，引用该数组第 3 行第 4 列的元素数时写成 a[3][4]显然是错误的，超越了数组下标值的范围，正确的写法应该是：

```
a[2][3] =5. 25;
```

(3)数组元素可以赋值，可以输出，也就是说任何可以出现变量的地方都可以使用同类型的数组元素。

7.2.4 二维数组应用案例

【例7.6】编写函数实现两个矩阵的加法和乘法运算以及矩阵的转置运算。

【分析】在设计问题中，通常用二维数组来定义矩阵结构，矩阵的相加即两个维数相同的二维数组的对应项相加，若要实现矩阵的乘积则需要定义出满足矩阵运算要求的合适二维数组，即一个 m×n 的矩阵只能与 n×m 的矩阵相乘，得到一个 m×m 的矩阵，对于 m×n 的矩阵，转置运算就是将该矩阵中元素的行列互换，得到一个 n×m 的矩阵。

参考程序如下：

```
#include <stdio. h>
#define N 4
#define M 3
void add(int a[][N],int b[][N], int c[][N]);
void transpose(int a[][N],int t[][M]);
void product(int a[][N],int b[][M], int r[][M]);
int main()
{     int i,j,x[M][N],y[M][N],z[M][N],s[N][M],t[M][M];
      for(i =0;i <M;i ++)
         for(j =0;j <N;j ++)
            scanf("% d",&x[i][j]);
   for(i =0;i <M;i ++)
      for(j =0;j <N;j ++)
         scanf("% d",&y[i][j]);
   add(x,y,z);                    /* 调用矩阵相加运算函数*/
   transpose(x,s);         /* 调用矩阵转置运算函数*/
   product(x,s,t);         /* 调用矩阵相乘运算函数*/
   printf(" \n");
   for(i =0;i <M;i ++)
   {      for(j =0;j <N;j ++)
         printf("% d ",z[i][j]);
      printf("\n");
   }
   printf("\n");
   for(i =0;i <N;i ++)
   {
      for(j =0;j <M;j ++)
         printf("% d ",s[i][j]);
      printf("\n");
   }
   printf("\n");
   for(i =0;i <M;i ++)
   {
      for(j =0;j <M;j ++)
```

```
        printf("% d ",t[i][j]);
        printf("\n");
    }
    return 0;
}
/* 矩阵的相加运算函数*/
void add(int a[M][N],int b[M][N], int c[M][N])
{       int i,j;
            for(i = 0; i < M; i ++)
              for(j = 0; j < N; j++)
                c[i][j] = a[i][j] + b[i][j];
  }
/* 矩阵转置运算函数*/
void transpose(int a[M][N],int t[N][M])
{       int i,j;

    for(i = 0; i < M; i ++)
          for(j = 0; j < N; j++)
             t[j][i] = a[i][j];
  }
/* 矩阵相乘运算函数*/
void       product( int a[M][N],int b[N][M], int r[M][M])
{       int i,j;
    int k = 0;
    for(i =0;i<M;i++)
      for(j =0;j<M;j++)
         r[i][j] =0;
    for(i = 0; i < M; i ++)
      for(k = 0; k < M; k++)
         for(j = 0; j < N; j++)
            r[i][k] += a[i][j] *  b[j][i];
  }
```

运行结果如图 7-8 所示。

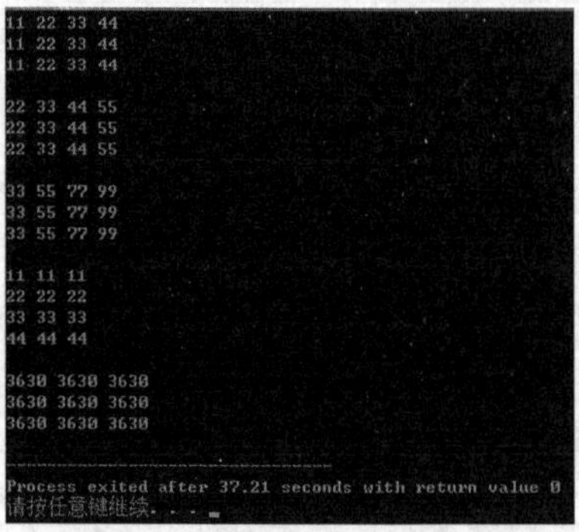

图 7-8　例 7.6 运行结果

【例 7. 7】打印输出如图 7-9 所示的杨辉三角形(要求打印 10 行)。

【分析】通常对于同一个问题，从不同的角度来思考会得出不同的解决方案，本例就可用多种方法来编程实现，具体分析如下。

解法一：

(1)依题意可设一个 10×10 的二维数组来存放数据。如 int a[10][10];

(2)由杨辉三角形定义知，第一列元素和对角线上的元素为 1，即有 a[i][0]=1 和 a[i][i]=1;

(3)杨辉三角形的其他元素为它正上方和斜上方两元素的和，即为 a[i][j]=a[i-1][j-1]+a[i-1][j];

(4)按行输出按照上述方法求得的二维数组元素的值。

此方法的 N-S 图如图 7-10 所示。

1					
1	1				
1	2	1			
1	3	3	1		
1	4	6	4	1	
1	5	10	10	1	1
		⋮			

图 7-9　杨辉三角形

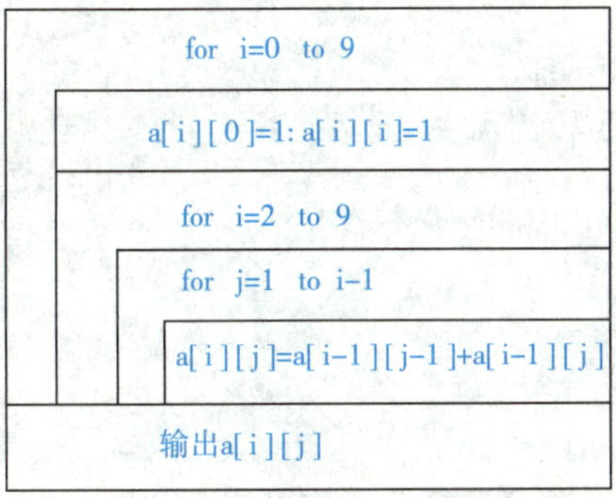

图 7-10　解法一的 N-S 图

参考程序如下。

```
#include <stdio. h>
int main()
{ int a[10][10],i,j;
/* 下面的循环将第一列元素和对角线元素赋值为 1*/
   for(i =0;i <10;i++)
{ a[i][0] -1;
   a[i][i] =1;
   }
/* 下面的循环用于求其他元素的值,为它正上方和斜上方两元素的和*/
for(i =2;i <10;i++)
for(j =1;j <i;j++)
a[i][j] =a[i-1][j-1]+a[i-1][j];
/* 下面的循环用于按行输出求得的二维数组元素的值*/
for(i =0;i <10;i++)
{for(j =0;j < =i;j++)
printf("% 6d",a[i][j]);
printf("\n");
}
rcturn 0;
}
```

解法二：

【分析】除了对数组 a 中各元素先求值再输出外，还可以采用逐行求解逐行输出的方法。

参考程序如下。

```
#include <stdio. h>
int main()
{int i,j,a[30];
a[0] =1;     /* 各行第一个元素赋值为 1*/
printf("% 6d",a[0]);
   for(i =2;i < =10;i ++)
{
a[i-1] =1;        /* 各行最后一个元素赋值为 1*/
for(j =i-2;j >0;j--)
a[j] + =a[j-1]; /* 计算每一行除第一列和最后一列之外的其他元素的值*/
for(j =0;j <i;j ++)      /* 以下为逐个输出第 i 行各列的元素*/
printf("% 6d",a[j]);
printf("\n");
}
return 0;
}
```

以上两个程序运行后，均可得到如图 7-11 所示的结果。

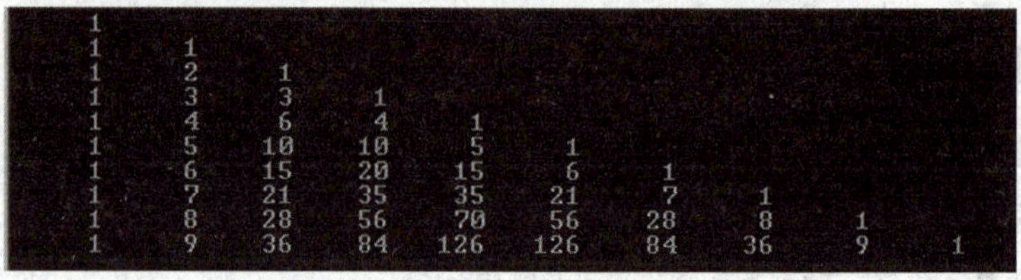

图 7-11　例 7.7 运行结果

任务 3　字符数组

任务描述

用来存放字符型数据的数组称为字符数组，其中每个数组元素存放的值都是单个字符。字符数组分为一维字符数组和多维字符数组。一维字符数组常常用于存放一个字符串，二维字符数组常用于存放多个字符串，可以看作一维字符串数组。

任务分析

字符数组的意义在于，它提供了一种使用数组方法来解决基于字符串的处理操作的方式。在程序设计中，人们经常需要处理文本数据，而字符数组正是处理这些数据的核心工具。通过字符数组，可以方便地存储、检索和操作字符串，如字符串的拼接、比较、搜索等。

任务重点与实施

7.3.1 字符数组的基本知识

字符数组也是数组，只是数组元素的类型为字符型。所以字符数组的定义、初始化，字符数组元素的引用与一维数组相似。不同之处在于：定义时类型说明符为 char，初始化使用字符常量或相应的 ASCII 码值，赋值使用字符型的表达式，凡是可以用字符数据的地方也可以引用字符数组的元素。

例如：

```
char c1[10];
```

定义了有 10 个元素的字符数组 c1。

```
char str[5][10];
```

定义了有 5×10 个元素的二维字符数组 str。

1. 字符数组的初始化

对字符数组的初始化，除了可使用一般数组的初始化方法外，还增加了以下一些方法。

(1) 以字符常量的形式对字符数组初始化。

例如：

```
char str[] ={'C','H','I','N','A'};
```

相当于：

```
char str[5] ={ 'C','H','I','N','A'};
```

赋值后各元素在内存中的存储形式如表 7-1 所示。

表 7-1 赋值后各元素在内存中的存储形式

C	H	I	N	A
str[0]	str[1]	str[2]	str[3]	str[4]

说明：一般以字符常量的形式对字符数组的各个元素赋初值，系统不会自动在最后一个字符后加结束标志'\0'。如果要加结束标志，必须明确指定。

例如：

```
char str1[] ={'C','H','I','N','A','\0'};
```

相当于：

```
char str1[6]={'C','H','I','N','A','\0'}
```

如果是对部分元素赋初值，对未赋值的元素由系统自动赋予空字符'\0'值，相当于有字符结束标志。例如：

```
char str2[10]={'C','H','I','N','A'};
```

赋值后各元素在内存中的存储形式如表 7-2 所示。

表 7-2　赋值后各元素在内存中的存储形式

C	H	I	N	A	\0	\0	\0	\0	\0
str[0]	str[1]	str[2]	str[3]	str[4]	str[5]	str[6]	str[7]	str[8]	str[9]

(2)以字符串的形式对字符数组初始化。

例如：

```
char str[]={"CHINA"};
```

相当于：

```
char str[6]="CHINA";
```

初始化后各元素在内存中的存储形式如表 7-3 所示。

表 7-3　初始化后各元素在内存中的存储形式

C	H	I	N	A	\0
str[0]	str[1]	str[2]	str[3]	str[4]	str[5]

说明：以字符串常量形式对字符数组初始化，系统会自动在该字符串的最后加入字符串结束标志'\0'，它的 ASCII 码为 0。

2. 字符数组元素的引用

【例 7.8】字符数组引用实例。

参考程序如下：

```
#include <stdio.h>
int main()
{
int i,j;
char a[][5]={{'b', 'a', 's', 'i', 'c'},{'d', 'b', 'a', 's', 'e'}};   /* 定义二维字符数组 a 并赋初值*/
   for(i=0;i<=1;i++)
   {
for(j=0;j<=4;j++)
printf("%c",a[i][j]);   /* 按行按列逐个输出数组 a 的各个元素*/
printf("\n");
}
return 0;
}
```

运行结果如图 7-12 所示。

图 7-12　例 7.8 运行结果

7.3.2　字符串和字符串结束标志

字符串是用双引号括起来的若干有效的字符序列。C 语言中，字符串可以包含字母、数字、符号、转义符。字符数组是存放字符型数据的数组，其中的元素可以是字符串，也可以是字符序列。C 语言没有提供字符串变量，对字符串的处理常采用字符数组来实现。因此也有人将字符数组看作字符串变量。C 语言许多字符串处理库函数既可以使用字符串，也可以使用字符数组。

为了便于处理字符串，C 语言规定以'\0'(ASCII 码为 0 的字符)作为字符串结束标志。字符串结束标志占用一个字节。对于字符串常量，C 编译系统自动在其最后字符后，增加一个结束标志；对于字符数组，如果用于处理字符串，在有些情况下，C 语言系统会自动在其数据后增加一个结束标志，在更多情况下结束标志要由程序员自己负责(因为字符数组不仅仅用于处理字符串)。如果不是处理字符串，字符数组中可以没有字符串结束标志。

系统在对一个字符串进行操作时，最根本的操作是要知道这个字符串有多长，有了这个字符串结束标志后，就可以对字符串边处理边判断是否结束，对任何一个字符串都可以将它看成由若干字符和一个字符串结束标志组成的。如"CHINA"相当于'C'、'H'、'I'、'N'、'A'、'\0'6 个字符。故在定义“char str[ ] = "CHINA";”中，数组的长度为 6 而不是 5。

通常只有在程序中要对字符串进行处理时，才考虑字符串结束标志的问题。当某程序要处理一个字符串时，系统先找到字符串的第一个字符，然后依次向后，遇到'\0'字符时就认为当前这个字符串结束了。要输出一个字符数组 str 中的所有字符，可用以下方法。

```
i =0;
while(str[i++]! ='\0')        /* 通过'\0'字符判断字符串是否结束*/
printf("% c",str[i]);
```

字符串和字符数组的区别在于：字符串是存放在字符数组中的，字符串和字符数组的长度可以不一样；字符串以'\0'作为结束标志，而字符数组并不要求它的最后一个字符一定为'\0'。

7.3.3　字符数组的输入输出

字符数组的输入输出有两种形式：逐个字符输入/输出或整个字符串输入/输出。

1. 逐个字符输入/输出

对于字符数组，逐个字符的输入/输出与前面讲的数组元素的输入/输出处理方法类似，通常采用循环语句来实现，不同之处在于格式说明符为%c。

例如：下面的程序段可输出字符数组 str 中的字符。

```
int i;
char str[20] = "I am a student!";
for(i =0;i <20;i++)
printf("% c",str[i]);
```

%c 格式符使用说明如下。

(1)格式化输入是缓冲读。在接收到“回车”时，scanf 才开始读取数据。

(2)读字符数据时，空格、回车都保存进字符数组。

(3)如果按“回车”键时，输入的字符少于 scanf 循环读取的字符，scanf 继续等待用户将剩下的字符输入；如果按“回车”键时，输入的字符多于 scanf 循环读取的字符，scanf 循环只读入前面的字符。

(4)逐个读入字符结束后，不会自动在末尾加'\0'。所以输出时，最好使用逐个字符输出。

2. 整个字符串输入/输出

对于字符数组中，整串字符的输入/输出可采用%s 格式符来实现。

例如，下面的程序段可一次输出字符数组 str 中的字符。

```
char str[20] = "I am a student!";
printf("% s",str)
```

%s 格式符使用说明如下。

(1)格式化输入输出字符串，参数要求字符数组的首地址，即字符数组名。

(2)按照%格式格式化输入字符串时，输入的字符串中不能有空格(空格，Tab)，否则空格后面的字符不能读入，scanf 函数会认为输入的是两个字符串。如果要输入含有空格的字符串可以使用 gets 函数。

(3)按照%s 格式格式化输入字符串时，并不检查字符数组的空间是否够用。如果输入长字符串，可能导致数组越界，应当保证字符数组分配了足够的空间。

(4)按照%s 格式格式化输入字符串时，自动在最后加字符串结束标志。

(5)按照%s 格式格式化输入字符串时，可以用%c 逐个输出或%s 格式整体输出。

(6)对于不是按照%s 格式化输入的字符串，在输出时应该确保末尾有字符串结束标志。

7.3.4 常用字符串处理函数

C 语言库函数提供了大量的字符串处理函数，所以对于一般的任务，应当优先考虑是否可以采用库函数来解决问题，这样可以使程序更加简洁。

【例 7.9】编写程序计算字符串的长度。

不使用字符串处理函数的程序，例如：

```
#include <stdio. h>
int main()
{
```

```
char s[100] ="Hello World!";
int i,n;
i =0;
while(s[i]! ='\0')
   i++;
   n =i;
printf("% d",n);
}
```

使用字符串处理函数的程序，例如：

```
#include <stdio. h>
#include <string. h>
int main()
{
char s[100] ="Hello World!";
   int n;
   n =strlen(s);
printf("% d",n);
}
```

运行结果如图 7-13 所示。

图 7-13　例 7. 9 运行结果

下面介绍几种常用的函数。

1. 字符串输入/输出函数(<stdio. h>)

(1)字符串输入 gets(str)

功能：从键盘输入一个字符串(可包含空格)，直到遇到回车符，并将字符串存放到由 str 指定的字符数组(或内存区域)中。

参数：str 是存放字符串的字符数组(或内存区域)的首地址。函数调用完成后，输入的字符串存放在 str 开始的内存空间中。

(2)字符串输出 puts(str)

功能：从 str 指定的地址开始，依次将存储单元中的字符输出到显示器，直到遇到字符串结束标志。

注意：puts 将字符串最后的'\0'转化为'\n'并输出。

2. 字符串处理函数(<string. h>)

(1)求字符串的长度 strlen(str)

功能：统计起始地址 str 为的字符串的长度(不包括字符串结束标志)，并将其作为函数值返回。

(2)字符串连接函数 strcat(str1，str2)

功能：将首地址为 str2 的字符串连接到 str1 字符串的后面。从 str1 原来的'\0'(字符串结束标志)处开始连接。

字符串连接函数 strcat(str1, str2)的注意事项如下。

① str1 一般为字符数组，要有足够的空间，以确保连接字符串后不越界。

② str2 可以是字符数组名，字符串常量或指向字符串的字符指针(地址)。

(3)字符串复制函数 strcpy(str1, str2)

功能：将首地址为 str2 的字符串复制到首地址为 str1 的字符数组中。

字符串复制函数 strcpy(str1, str2)的注意事项如下。

① str1 一般为字符数组，要有足够的空间，以确保复制字符串后不越界。

② str2 可以是字符数组名，字符串常量或指向字符串的字符指针(地址)。

字符串(字符数组)之间不能赋值，但是通过此函数，可以间接达到赋值的效果。

(4)字符串比较函数 strcmp(str1, str2)

功能：将首地址为 str1，str2 的两个字符串进行比较，自左至右逐个字符相比，直到出现不同的字符或遇到'\0'为止，比较的结果由返回值表示。

当 str1=str2，函数的返回值为 0。

当 str1<str2，函数的返回值为负整数(绝对值是 ASCII 码的差值)。

当 str1>str2，函数的返回值为正整数(绝对值是 ASCII 码的差值)。

字符串之间比较规则：从第一个字符开始，对两个字符串对应位置的字符按 ASCII 码的大小进行比较，直到出现第一个不同的字符，即由这两个字符的大小决定其所在串的大小。字符串(字符数组)之间不能直接比较，但是通过此函数，可以间接达到比较的效果。

7.3.5 字符数组应用案例

【例 7.10】从键盘输入两个字符串，并将其首尾相接后输出。每个字符串内部不含空格，两个字符串之间以空白符分隔。

【分析】对字符串的存储问题需要用字符数组来解决。具体算法要点如下。

字符串输入，可以用具有词处理功能的 scanf()函数。

字符串拼接方法：先找到第一个字符串的末尾，然后将第二个字符串的字符逐个添加到末尾。

注意：要去掉第一个字符串后的结束符'\0'，但要把第二个字符串后的结束符'\0'添加进去。

参考程序如下。

```
#include <stdio.h>
int main()
{
    char str1[50],str2[20];
    int i,j;
    printf("Enter string No. 1:\n");
    scanf("% s",str1);
    printf("Enter string No. 2:\n");
    scanf("% s",str2);
```

```
    i =j =0;
    while(str1[i]! ='\0')
        {
            i =i+1;
        }
    while(str2[j]! ='\0')
        {
            str1[i] =str2[j];
            i =i+1;
            j =j+1;
        }
            str1[i] ='\0';
    printf("string No. 1->% s\n",str1);
return 0;
}
```

运行结果如图 7-14 所示。

```
Enter string No.1:
Hello
Enter string No.2:
Everyone
string No.1->HelloEveryone
```

图 7-14　例 7.10 运行结果

知识拓展

密码学中数组与字符串的应用

在密码学中，密钥是加密和解密过程的关键要素。数组非常适合用于存储密钥，因为密钥通常由一系列的二进制位或字节组成，数组能够高效地组织和存储这些数据。例如，在对称加密算法，如高级加密标准(advanced encryption standard，AES)中，密钥长度可以是 128 位、192 位或 256 位。这些密钥可以存储在字节数组中，方便后续的加密和解密操作。

在密码学中，明文和密文通常以字符串的形式存在。用户输入的原始信息一般是字符串格式，经过加密算法处理后得到的密文也可以表示为字符串。例如，在简单的凯撒密码中，明文是一个字符串，通过将字符串中的每个字符按照一定的规则进行移位，得到密文字符串。

项 目 小 结

本项目主要介绍了一维数组和字符数组的相关知识。首先介绍了一维数组的定义和初始化；其次介绍了二维数组的定义和二维数组元素的引用；再次介绍了字符数组的定义和字符数组的输入输出；最后介绍了字符数组应用案例。通过本项目的学习，学生能够了解程序设计中数据组织和处理的重要性，以及不同的数据表示方式对程序性能和功能的影响，提高对程序的整体把控能力和优化意识。

项 目 习 题

一、填空题

1. 一维数组的定义方式为：____________。

2. 通常对数组元素的赋值可采用两种方法：一种是_________，再用_________句或输入语句给数组中的元素赋值，另一种是在___________的同时为数组元素设置__________。

3. 引用数组中的任意一个元素的形式为：__________________。

4. 常用的经典排序算法有_________、_________、插入法、___________等。

5. 在 C 语言中二维数组的定义语句形式为：____________________。

6. C 语言中，字符串可以包含___________、数字、___________、转义符。

7. 一般以字符常量的形式对字符数组的各个_______，系统不会自动在________后加结束标志______________。如果要加结束标志，必须_____________。

二、简答题

1. 在程序中引用数组元素时，需要注意哪几点？

2. 对二维数组的初始化操作，可以用哪些方法实现？

3. 简述字符串和字符数组的区别。

4. 简述字符数组输入输出的两种形式。

项目 8　函数和指针

项目导读

在 C 语言程序设计中，函数和指针是构建高效、可维护程序的两大基石。函数通过封装特定逻辑，实现代码的重用和模块化，使得程序结构清晰、易于管理；而指针则提供了直接访问内存的能力，支持动态内存管理、高效数据传递以及复杂数据结构的实现。本项目主要介绍函数和指针的相关知识。

学习目标

- 了解函数的定义和声明方法、函数的形参、实参和函数值的意义和使用方法。
- 掌握函数的 3 种调用方式。
- 掌握局部变量和全局变量的声明和使用方法。
- 了解指针的概念。
- 掌握函数指针的用法。

思政目标

- 引导学生关注编程过程中的资源消耗和环境污染问题，倡导绿色编程，如优化代码以减少计算资源的使用。
- 引导学生认识到技术对社会的影响，提高学生在技术开发和应用中考虑社会伦理和责任的意识。

任务 1　函数的基本知识

任务描述

函数是一个完成一定相关功能的执行代码段。函数就如一个“黑盒子”，只要将数据送进去就能得到结果，而函数内部究竟是如何工作的，外部程序是不知道的。外部程序所知道的仅限于输入给函数什么，以及函数输出什么。函数提供了编制程序的手段，使之容易读、写、理解、排除错误、修改和维护。

任务分析

C 程序中函数的数目实际上是不限的，如果说有什么限制的话，那就是，一个 C 程序中必须至少有一个函数，而且其中必须有一个且仅有一个以 main 为名，这个函数称为主函数，整个程序从这个主函数开始执行。

任务重点与实施

C 语言程序鼓励和提倡人们把一个大问题划分成一个个子问题，对应于解决一个子问题编制一个函数。因此，C 语言程序一般是由大量的小函数而不是由少量大函数构成的，即所谓“小函数构成大程序”。这样的好处是让各部分相互充分独立，并且任务单一。因而这些充分独立的小模块也可以作为一种固定规格的小“构件”，用来构成新的大程序。

8.1.1 函数定义的一般形式

在 C 语言中，所有的函数定义，包括主函数 main 在内，都是平行的。也就是说，在一个函数的函数体内，不能再定义另一个函数，即不能嵌套定义。但是函数之间允许相互调用，也允许嵌套调用。通常把调用者称为主调函数。函数还可以自己调用自己，称为递归调用。main 函数是主函数，它可以调用其他函数，而不允许被其他函数调用。因此，C 程序的执行总是从 main 函数开始，完成对其他函数的调用后再返回到 main 函数，最后由 main 函数结束整个程序。

任何函数(包括主函数 main)都包含函数说明和函数体两部分。根据函数是否需要参数，可将函数分为无参函数和有参函数两种。

1. 无参函数的一般形式

无参函数的一般形式为：

```
类型说明符 函数名()
{
类型说明
语句
}
```

其中，类型说明符和函数名称为函数头。类型说明符指明了本函数的类型；函数的类型实际上是函数返回值的类型。函数名是由用户定义的标识符，函数名后一定要有括号，即使其中无参数，括号也必不可少。花括号{}中的内容称为函数体。在函数体中也有类型说明，这是对函数体内部所用到的变量的类型说明。

在很多情况下都不要求无参函数有返回值，此时函数类型符可以写为 void。例如，可以定义一个函数：

```
void hello( )
{
printf("Hello,world \n");
}
```

这里只把 main 改为 hello 作为函数名，其余不变。hello 函数是一个无参函数，当被其他函数调用时，输出 Hello，world 字符串。

2. 有参函数的一般形式

有参函数的一般形式为：

```
类型说明符 函数名(形式参数类型说明 形式参数表)
{
类型说明
语句
}
```

有参函数比无参函数多了两个内容，一是形式参数表，二是形式参数类型说明。在形参表中给出的参数称为形式参数，它们可以是各种类型的变量，各参数之间用逗号间隔。在进行函数调用时，主调函数将赋予这些形式参数实际的值。形参既然是变量，当然必须给以类型说明。例如，定义一个函数，用于求两个数中的大数，可写为：

```
int max( int a , int b)
{if(a>b) return a;
else return b;
}
```

在函数定义和函数说明时，给出了形式参数及其类型，在编译时易于对它们进行查错，从而保证了函数说明和定义的一致性。

在 max 函数体中的 return 语句是把 a(或 b)的值作为函数的值返回给主调函数。有返回值函数中至少应有一个 return 语句。在 C 程序中，一个函数的定义可以放在任意位置，既可放在主函数 main 之前，也可放在 main 之后。修改后的程序如下所示。

```
#include    "stdio. h"
main()
{ int    sum(int    x, int    y);
int    a, b, add;
a =12; b =34;
add =sum(a, b);
printf(“ a+b =% d\n”,add);
}
int    sum(int    x, int    y)
```

```
{int   z;
z =x+y;
return   z;
}
```

可以从函数定义、函数说明及函数调用的角度来分析整个程序，从中进一步了解函数的各种特点。程序的第 9 行至第 13 行为 sum 函数定义。进入主函数后，因为准备调用 sum 函数，故先对 sum 函数进行说明(程序第 3 行)。函数定义和函数说明并不是一回事，在后面还要专门讨论。可以看出函数说明与函数定义中的函数头部分相同，但是末尾要加分号。程序第 6 行为调用 sum 函数，这时的实参是 a 和 b，并把 a 和 b 中的值传送给 sum 的形参 x 和 y。sum 函数执行的结果 z 将返回主调函数赋值给变量 add，最后由主函数输出 add 的值。

8. 1. 2　函数的声明

在主调函数中调用某函数之前应对该被调函数进行声明。在主调函数中对被调函数作声明的目的是使编译系统知道被调函数有无参数、参数的类型以及函数返回值的类型，以便在调用该函数时系统进行检查。

函数声明的一般形式为：

```
类型说明符 被调函数名(类型说明符 形参,类型说明符 形参…);
```

或为：

```
类型说明符 被调函数名(类型说明符,类型说明符…);
```

函数声明的括号内给出了形参的类型和形参名，或只给出形参类型。这便于编译系统进行检错，以防止可能出现的错误。

函数声明可写为：

```
int max(int a, int b);
```

或写为：

```
int max(int , int);
```

这种函数声明又被称为函数原型。ANSI C 中最重要的新特性就是“原型”，这种特性取自 C++。在 C 语言中，规定在以下几种情况时可以省去主调函数中对被调函数的函数声明。

(1)如果被调函数的返回值是整型或字符型时，可以不对被调函数作声明，而直接调用。这时系统将自动对被调函数返回值按整型处理。

(2)当被调函数的函数定义出现在主调函数之前时，在主调函数中也可以不对被调函数再作声明而直接调用。例如函数 max 的定义放在 main 函数之前，因此可在 main

函数中省去对 max 函数的函数说明“int max(int a , int b);”。

(3)如在所有函数调用之前，在函数外预先说明了各个函数的类型，则在以后的各主调函数中，可不再对被调函数作声明。例如：

```
char str( int a);
float f( float b);
main( )
{
……
}
char str( int a)
{
……
}
float f(float b)
{
……
}
```

其中，第一、二行对 str 函数和 f 函数预先作了声明，因此在以后各函数中无须对 str 和 f 函数再作声明就可直接调用。

(4)对库函数的调用不需要再作声明，但必须把该函数的头文件用# include 命令包含在源文件前部。

8.1.3　内部函数(静态函数)

当一个程序由多个源文件组成时，C 语言根据函数能否被其他源文件中的函数调用，将函数分为内部函数和外部函数。

如果在一个源文件中定义的函数，只能被本文件中的函数调用，而不能被同一程序其他文件中的函数调用，这种函数称为内部函数。

定义一个内部函数，只需在函数类型前再加一个“static”关键字即可。这种用法与全局变量类似，例如：

```
static   函数类型   函数名(函数参数表)
                   {……}
```

关键字“static”译成中文就是"静态的"，所以内部函数又称静态函数。但此处“static”的含义不是指存储方式，而是指对函数的作用域仅局限于本文件。

使用内部函数的好处是：不同的人编写不同的函数时，不用担心自己定义的函数是否会与其他文件中的函数同名，因为同名也没有关系。

8.1.4 外部函数

在定义函数时，如果没有加关键字“static”，或冠以关键字“extern”，表示此函数是外部函数。在前面项目中使用的函数大部分都是外部函数，这类函数不仅能被本文件中的其他函数调用，还能被同一程序中的其他文件中的函数调用。

定义这类函数的格式如下：

```
[extern]  函数类型  函数名(函数参数表)
   {……}
```

调用外部函数时，只需要对其进行说明：

```
[extern]  函数类型  函数名(参数类型表)[,函数名 2(参数类型表 2)……];
```

【例 8.1】外部函数应用。

文件 mainf. c：

```
main()
{   extern void input(…),process(…),output(…);
/* 对其他文件中定义的外部函数作声明,以便在此函数中调用* /
input(…);  process(…);  output(…);
}
```

文件 subf1. c：

```
……
extern void input(……)                    /* 定义外部函数* /
{……}
```

文件 subf2. c：

```
……
void process(……)                         /* 定义外部函数* /
   {……}
```

文件 subf3. c：

```
……
extern void output(……)                   /* 定义外部函数* /
   {……}
```

8.1.5 函数的定义、声明和调用的区别

在程序中，很多人经常搞不清楚哪里是函数的定义，哪里是函数的声明，哪里又是函数的调用。它们的区别如下。

(1)函数的定义时函数头下面一定要有函数体，也就是{}括起来的一个程序段，函数头后面千万不要有分号。函数头中有函数的类型以及各形参的类型说明。

(2)把函数头下面的函数体去掉，然后在函数头后面加一个分号，就成了函数的声明。

(3)调用函数时，只需要写出函数名。如果该函数是无参函数，函数名后面直接加一对小括号就行了；如果被调函数是有参的，这时要在小括号里写出实参，但实参不要加类型说明。

任务 2　函数的参数和函数的值

任务描述

在 C 语言中，函数是组织代码的基本单位，它允许你将一个任务分解成较小的、更易于管理的部分。函数可以接受参数，也可以返回一个值。

任务分析

函数的参数用于向函数传递数据。在函数定义时，可以指定参数的类型和数量，这些参数在函数被调用时提供具体的值。

任务重点与实施

8.2.1　形参和实参

形参出现在函数定义中，在整个函数体内都可以使用，离开该函数则不能使用。实参出现在主调函数中，进入被调函数后，实参变量也不能使用。形参和实参的功能是作数据传送。发生函数调用时，主调函数把实参的值传送给被调函数的形参从而实现主调函数向被调函数的数据传送。函数的形参和实参具有以下特点。

(1)形参变量只有在被调用时才分配内存单元，在调用结束时，即刻释放所分配的内存单元。因此，形参只有在函数内部有效。函数调用结束返回主调函数后则不能再使用该形参变量。

(2)实参可以是常量、变量、表达式、函数调用等，无论实参是何种类型的量，在进行函数调用时，它们都必须具有确定的值，以便把这些值传送给形参。因此应预先用赋值，输入等办法使实参获得确定值。

(3)实参和形参在数量、类型和顺序上应严格一致，否则会发生“类型不匹配”错误。

(4)函数调用中发生的数据传送是单向的，即只能把实参的值传送给形参，而不能把形参的值反向地传送给实参。因此在函数调用过程中，形参的值发生改变，而实参中的值不会变化。例 8.2 可以说明这个问题。

【例 8.2】

```
int main( )
{
int n;
printf("input number\n");
scanf("% d",&n);
int s(int n);
s(n);
printf("n =% d\n",n);
return 0;
}
int s(int n)
{
int i;
for(i =n-1;i > =1;i--)
n =n+i;
return n;
}
```

运行结果：

```
input number
100
n =5050
n =100
```

本程序中定义了一个函数 s，该函数的功能是求 n+(n−1)+(n−2)+…+1 的值。在主函数中输入 n 值，并作为实参，在调用时传送给 s 函数的形参量 n。

本例的形参变量和实参变量的标识符都为 n，但这是两个不同的量，各自的作用域不同，在内存单元也各自占用不同的内存单元。

在主函数中用 printf 语句输出一次 n 值，这个 n 值是实参 n 的值。在函数 s 中也用 printf 语句输出了一次 n 值，这个 n 值是形参 n 在 for 循环中累加最后取得的值。从运行情况看，输入 n 值为 100，即实参 n 的值为 100。把此值传给函数 s 时，形参 n 的初值也为 100，在执行函数过程中，形参 n 的值变为 5 050。返回主函数之后，输出实参 n 的值仍为 100。可见实参的值不随形参的变化而变化。

8.2.2 函数的值

函数的值是指函数被调用之后，执行函数体中的程序段所取得的并返回给主调函数的值。如调用正弦函数取得正弦值，调用 max 函数取得的最大数等。对函数的值(或称函数返回值)有以下一些说明。

(1)函数的值只能通过 return 语句返回主调函数。

return 语句的一般形式为：

```
return 表达式;
```

或者为：

```
return(表达式);
```

该语句的功能是计算表达式的值，并返回给主调函数。

在函数中允许有多个 return 语句，但每次调用只能有一个 return 语句被执行，因此只能返回一个函数值。

(2) 函数值的类型和函数定义中函数的类型应保持一致。如果两者不一致，则以函数类型为准，自动进行类型转换。

(3) 如函数值为整型，在函数定义时可以省去类型说明。

(4) 不返回函数值的函数，可以明确定义为“空类型”，类型说明符为“void”。如例 8.2 中函数 s 并不向主函数返函数值，因此可定义为：

```
void s(int n)
{ ……
}
```

一旦函数被定义为空类型后，就不能在主调函数中使用被调函数的函数值了。例如，在定义 s 为空类型后，在主函数中写下述语句“sum = s(n);”就是错误的。为了使程序有良好的可读性并减少出错，凡是不要求返回值的函数都应定义为空类型。

任务 3　函数的调用

任务描述

在 C 语言中，函数的调用是编程中非常基础且重要的一个部分。通过函数调用，可以重用代码，使得程序的结构更加清晰和模块化。

任务分析

在调用外部库中的函数时，通常需要包含相应的头文件，确保在调用函数前已经正确定义或声明了该函数。否则，编译器会报错。

任务重点与实施

程序中是通过对函数的调用来执行函数体的，其过程与其他语言的子程序调用相似。C 语言中，函数调用的一般形式为：

```
函数名(实际参数表)
```

对无参函数调用时则无实际参数表。实际参数表中的参数可以是常数、变量或其他构造类型数据及表达式。各实参之间用逗号分隔。

8.3.1 函数调用的方式

在 C 语言中，可以用以下 3 种方式调用函数。

1. 函数表达式

函数作为表达式中的一项出现在表达式或语句中，以函数返回值参与表达式的运算。这种方式要求函数是有返回值的。例如：

```
z=max(x,y);
```

这是一个赋值语句，它把 max 函数的返回值赋予变量 z。

2. 函数语句

函数调用的一般形式加上分号即构成函数语句。例如：

```
printf("% d",a);
scanf("% d",&b);
```

这都是以函数语句的方式调用函数。这种调用方式通常用于调用一个无返回值的函数，如果调用的是一个有返回值的函数，这个返回值在主调函数中也不使用。

3. 函数实参

函数作为另一个函数调用的实际参数出现。这种情况是把该函数的返回值作为实参进行传送，因此要求该函数必须是有返回值的。例如：

```
printf("% d",max(x,y));
```

即是把 max 调用的返回值又作为 printf 函数的实参来使用的。

在函数调用中还应该注意的一个问题是求值顺序的问题。所谓求值顺序是指对实参表中变量是自左至右使用还是自右至左使用。对此，各系统的规定是不相同的。

【例 8.3】

```
main()
{int i=8;
printf("% d\n% d\n% d\n% d\n",++i,--i,i++,i--);
}
```

如按照从右至左的顺序求值。例 5.2 的运行结果应为：

```
8
7
7
8
```

如对 printf 语句中的++i、--i、i++和 i--从左至右求值，结果应为：

```
9
8
8
9
```

应特别注意的是，无论是从左至右求值，还是自右至左求值，其输出顺序都是不变的，即输出顺序总是和实参表中实参的顺序相同。

在 Dev-C++中规定是自右至左求值，所以在 Dev-C++中运行，结果为：

```
8
7
7
8
```

可以到其他系统，进行尝试。在实际开发中，应避免此类写法。

8.3.2　嵌套调用

在 C 语言中，不允许作嵌套的函数定义，各函数之间是平行的，不存在上一级函数和下一级函数的问题。但是 C 语言允许在一个函数的函数体中出现对另一个函数的调用，这样就出现了函数的嵌套调用，即在被调函数中又调用其他函数。这与其他语言的子程序嵌套的情形是类似的。其关系可表示如图 8-1。

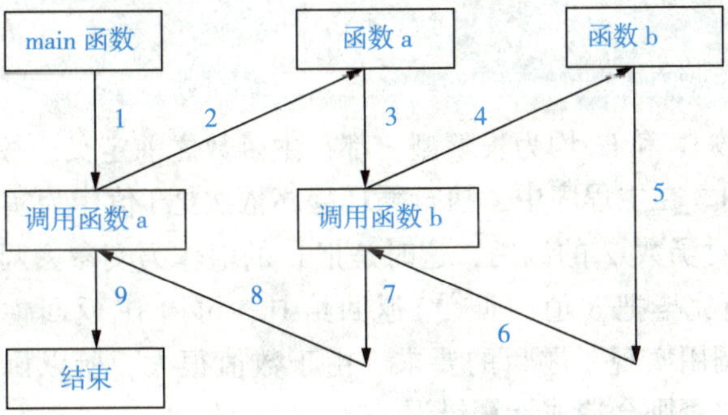

图 8-1　函数的嵌套使用

图 8-1 表示了两层嵌套的情形。其执行过程如下。

(1)执行 main 函数中调用 a 函数的语句时，即转去执行 a 函数。

(2)在 a 函数中调用 b 函数时，又转去执行 b 函数。

(3)b 函数执行完毕返回 a 函数的断点继续执行，a 函数执行完毕返回 main 函数的断点继续执行。

【例 8.4】计算 $s=2^2!+3^2!$

本例可编写两个函数：一个是用来计算平方值的函数 f1，另一个是用来计算阶乘值的函数 f2。主函数先调 f1 计算出平方值，再在 f1 中以平方值为实参，调用 f2 计算其阶乘值，然后返回 f1，再返回主函数，在循环程序中计算累加和。

```
long f1(int p)
{
int k;
long r;
long f2(int);
k=p* p;
r=f2(k);
```

```
return r;
}
long f2(int q)
{
long c=1;
int i;
for(i=1;i<=q;i++)
c=c* i;
return c;
}
int main()
{
int i;
long s=0;
for(i=2;i<=3;i++)
s=s+f1(i);
printf("\ns=%ld\n",s);
return 0;
}
```

在程序中，函数 f1 和 f2 均为长整型，都在主函数之前定义，故不必再在主函数中对 f1 和 f2 加以说明。在主程序中，执行循环程序依次把 i 值作为实参调用函数 f1 求 i^2 值。在 f1 中又发生对函数 f2 的调用，这时是把 i^2 的值作为实参去调 f2，在 f2 中完成求 i^2! 的计算。f2 执行完毕把 c 值(即 i^2!)返回给 f1，再由 f1 返回主函数实现累加。至此，由函数的嵌套调用实现了题目的要求。由于数值很大，所以函数和一些变量的类型都说明为长整型，否则会造成计算错误。

8.3.3 递归调用

一个函数直接或间接地调用它自身称为递归调用，这种函数称为递归函数。在 C 语言中，允许函数的递归调用。在递归调用中，主调函数又是被调函数。执行递归函数将反复调用其自身。每调用一次就进入新的一层。例如，有函数 f 如下：

```
int f(int x)
{
int y;
z=f(y);
return z;
}
```

这个函数是一个递归函数。但是运行该函数将无休止地调用其自身，这当然是不正确的。为了防止递归调用无终止地进行，必须在函数内有终止递归调用的手段。常用的办法是加条件判断，满足某种条件后就不再作递归调用，然后逐层返回。下面案例说明递归调用的执行过程。

【例 8.5】用递归法计算 n!

用递归法计算n！可用下述公式表示：

```
n! =1            (n=0,1)
n! =n×(n-1)!(n>1)
```

按公式可编程如下：

```
long ff(int n)
{
long f;
if(n<0) printf("n<0,input error");
else if(n==0||n==1) f=1;
else f=ff(n-1)* n;
return (f);
}
main()
{
int n;
long y;
printf("\ninput a inteager number:\n");
scanf("% d",&n);
y=ff(n);
printf("% d! =% ld",n,y);
}
```

程序中给出的函数 ff 是一个递归函数。主函数调用 ff 后即进入函数 ff 执行，如果 n<0、n==0 或 n=1 时都将结束函数的执行，否则就递归调用 ff 函数自身。由于每次递归调用的实参为 n-1，即把 n-1 的值赋予形参 n，最后当 n-1 的值为 1 时再作递归调用，形参 n 的值也为 1，将使递归终止，然后可逐层退回。

下面用一个具体的数值来案例说明该过程。

设执行本程序时输入为 5，即求 5!。在主函数中的调用语句即为 y=ff(5)，进入 ff 函数后，由于 n=5，不等于 0 或 1，故应执行 f=ff(n-1) * n，即 f=ff(5-1) * 5。该语句对 ff 作递归调用即 ff(4)。

进行 4 次递归调用后，ff 函数形参取得的值变为 1，故不再继续递归调用而开始逐层返回主调函数。ff(1)的函数返回值为 1，ff(2)的返回值为 1 * 2=2，ff(3)的返回值为 2 * 3=6，ff(4)的返回值为 6 * 4=24，最后返回值 ff(5)为 24 * 5=120。

例 8.5 也可以不用递归的方法来完成。如可以用递推法，即从 1 开始乘以 2，再乘以 3…直到 n。递推法比递归法更容易理解和实现，但是有些问题则只能用递归算法才能实现，如典型的 Hanoi 塔问题。

【例 8.6】Hanoi 塔问题

一块板上有 3 根针 A、B 和 C。A 针上套有 64 个大小不等的圆盘，大的在下，小的在上。如图 8-2 所示。要把这 64 个圆盘从 A 针移动 C 针上，每次只能移动一个圆盘，移动可以借助 B 针进行。但在任何时候，任何针上的圆盘都必须保持大盘在下，小盘在上。求移动的步骤。

【分析】设 A 上有 n 个盘子。如果 n=1，则将圆盘从 A 直接移动到 C。如果 n=2，则步骤如下。

(1)将 A 上的 n-1(等于 1)个圆盘移到 B 上。

(2)再将 A 上的一个圆盘移到 C 上。

(3)最后将 B 上的 n-1(等于 1)个圆盘移到 C 上。

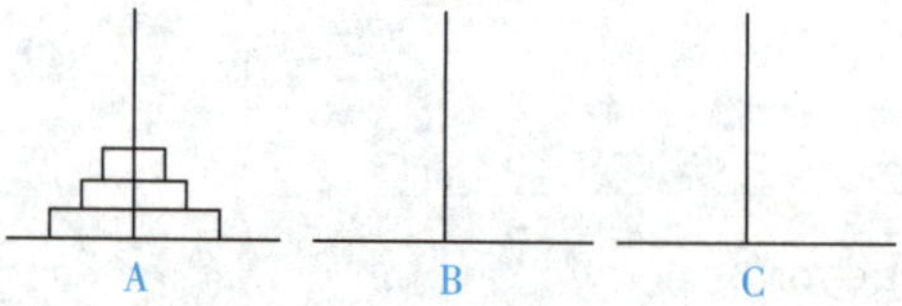

图 8-2　Hanoi 塔示意图

如果 n=3，则步骤如下。

(1)将 A 上的 n-1(等于 2，令其为 n')个圆盘移到 B(借助于 C)。步骤如下。

① 将 A 上的 n'-1(等于 1)个圆盘移到 C 上。

② 将 A 上的一个圆盘移到 B。

③ 将 C 上的 n'-1(等于 1)个圆盘移到 B。

(2)将 A 上的一个圆盘移到 C。

(3)将 B 上的 n-1(等于 2，令其为 n')个圆盘移到 C(借助 A)。步骤如下。

① 将 B 上的 n'-1(等于 1)个圆盘移到 A。

② 将 B 上的一个盘子移到 C。

③ 将 A 上的 n'-1(等于 1)个圆盘移到 C。

到此，完成了 3 个圆盘的移动过程。

从上面分析可以看出，当 n 大于等于 2 时，移动的过程可分解为 3 个步骤。

第一步 把 A 上的 n-1 个圆盘移到 B 上。

第二步 把 A 上的一个圆盘移到 C 上。

第三步 把 B 上的 n-1 个圆盘移到 C 上；其中第一步和第三步是类同的。

当 n=3 时，第一步和第三步又分解为类同的三步，即把 n'-1 个圆盘从一个针移到另一个针上，这里的 n'=n-1。显然这是一个递归过程，据此算法可编程如下。

```
move( int n , int x , int y , int z)
{
if(n = =1)
printf("% c-->% c\n",x,z);
else
{
move(n-1,x,z,y);
printf("% c-->% c\n",x,z);
move(n-1,y,x,z);
}
}
main( )
{
int h;
printf("\ninput number:\n");
```

```
scanf("% d",&h);
printf("the step to moving % 2d diskes:\n",h);
move(h,'a','b','c');
}
```

从程序中可以看出，move 函数是一个递归函数，它有 4 个形参 n、x、y 和 z。n 表示圆盘数，x、y、z 分别表示 3 根针。

move 函数的功能是把 x 上的 n 个圆盘移动到 z 上。当 n=1 时，直接把 x 上的圆盘移至 z 上，输出 x→z。如 n>1 则分为 3 步：递归调用 move 函数，把 n-1 个圆盘从 x 移到 y；输出 x→z；递归调用 move 函数，把 n-1 个圆盘从 y 移到 z。在递归调用过程中 n=n-1，故 n 的值逐次递减，最后 n=1 时，终止递归，逐层返回。

当 n=4 时程序运行的结果为：

```
input number:
4
the step to moving 4 diskes:
a→b
a→c
b→c
a→b
c→a
c→b
a→b
a→c
b→c
b→a
c→a
b→c
a→b
a→c
b→c
```

任务 4　数组作为函数参数

任务描述

在 C 语言中，数组名作为函数参数时，实际上是传递了数组首元素的地址。这意味着在函数内部，可以通过这个地址访问整个数组。

任务分析

由于 C 语言中数组的大小在函数调用时不会自动传递，因此通常需要显式地传递数组的大小(或长度)。同时，注意使用指针和动态内存分配时要小心管理内存。

任务重点与实施

数组用作函数参数有两种形式：一种是把数组元素作为实参使用，另一种是把数组名作为函数的实参使用。

8.4.1 数组元素作为函数参数

数组元素就是下标变量，它与普通变量并无区别。数组元素只能用作函数实参，其用法与普通变量完全相同：在发生函数调用时，把数组元素的值传送给形参，实现单向值传送。

【例 8.7】写一函数，统计字符串中字母的个数。

```
/* 数组元素作为函数实参* /
int  isalp(char c)
{ if (c>='a'&&c<='z'||c>='A'&&c<='Z')
          return(1);
else  return(0);
  }
main( )
{ int i,num =0;
char str[255];
        printf("Input  a  string: ");
        gets(str);
        for(i =0;str[i]! ='\0';i++)
            if(isalp(str[i]))      num++;
        puts(str);
        printf("num =% d\n",num);
        }
```

运行结果：

```
Input  a  string:ie9M+39kNka
ie9M+39kNka
num =7
```

【例 8.8】判别一个整数数组中各元素的值，若大于0 则输出该值，若小于等于0 则输出 0 值。

```
void nzp(int v)
{
if(v>0)
```

```
printf("% d ",v);
else
printf("% d ",0);
}
main( )
{
int a[5],i;
printf("input 5 numbers\n");
for(i =0;i <5;i++)
{
scanf("% d",&a[i]);
nzp(a[i]);
}
}
```

本程序中首先定义一个无返回值函数 nzp，并说明其形参 v 为整型变量。在函数体中根据 v 值输出相应的结果。在 main 函数中用一个 for 语句输入数组各元素，每输入一个就以该元素作实参调用一次 nzp 函数，即把 a[i]的值传送给形参 v，供 nzp 函数使用。在 nzp 函数中根据 v 的值判断输出。具体说明如下。

(1)用数组元素作实参时，只要数组类型和函数的形参类型一致即可，并不要求函数的形参也是下标变量。换句话说，对数组元素的处理是按普通变量对待的。

(2)在普通变量或下标变量作函数参数时，形参变量和实参变量是由编译系统分配的两个不同的内存单元。在函数调用时发生的值传送，是把实参变量的值赋予形参变量，而形参变量的值变化是不会影响实参的。

8.4.2　数组名作为函数实参

数组名作函数实参时，要求形参也是一个数组形式，并且和相对应的实参必须是类型相同的数组，实参数组与形参数组在主调函数和被调函数中都必须有明确的数组说明。

【例 8.9】已知某个学生 5 门课程的成绩，求平均成绩。

```
float aver(float a[ ])          /* 求平均值函数*/
{
int i;
float av,s =a[0];
for(i =1;i <5;i++)   s +=   a[i];
av =s/5;
return av;
}
int main( )
{ float sco[5],av;
  int i;
```

```
    printf("\ninput 5 scores:\n");
    for(i =0;i<5;i++)
  scanf("% f",&sco[i]);
    av =aver(sco);                /* 调用函数,实参为一数组名*/
    printf("average score is %5.2f\n",av);
  return 0;
  }
```

说明如下。

(1)用数组名作函数参数，应该在调用函数和被调用函数中分别定义数组，且数据类型必须一致，否则结果将出错。例如，在本例中，形参数组为 a[ ]，实参数组为 sco[ ]，它们的数据类型相同。

(2)C 编译系统对形参数组大小不作检查，所以形参数组可以不指定大小。例如，本例中的形参数组 a[ ]。如果被调函数中需要用到实参数组的大小，可另设一整型参数作值传递。如果指定形参数组的大小，则实参数组的大小必须大于等于形参数组，否则因形参数组的部分元素没有确定值而导致计算结果错误。

(3)数组名代表数组的首地址，因此，用数组名作实参时，传递给形参的就是这个地址值。也就是说，形参数组与实参数组将占用同一段内存空间。于是，如果形参数组某元素的值发生了变化，在函数调用完毕返回主调函数时这个值会被保留，也就是实参数组对应元素的值就变了。区别于“值传递”，数组名作实参称为“地址传递”。

【例 8.10】用简单选择法对数组进行排序。

```
void sort(int  array[ ],  int  n)
{ int i,j,k,t;
for(i =0;i<n-1;i++)

  { k =i;
  for(j =i+1;j<n;j++)

if(array[j]<array[k])   k =j;
if(k!=i)
{ t =array[i];
array[i] =array[k];
          array[k] =t;
}
  }
}
int main()
{
void sort(int  array[ ],  int  n);
int a[10],i;
for(i =0;i<10;i++)
  scanf("% d",&a[i]);
```

```
sort(a,10);
for(i =0;i <10;i ++)
    printf("% d ",a[i]);
printf("\n");
return 0;
}
```

【例 8.11】数组元素与数组名作函数参数比较。

(1)数组元素作函数参数

```
#include <stdio. h>
void swap2(int x,int y)
{ int z;
z =x; x =y;   y =z;
}
int main( )
{ int a[2] ={1,2};
swap2(a[0],a[1]);
printf("a[0] =% d\na[1] =% d\n",a[0],a[1]);
return 0;
}
```

运行结果:

```
a[0] =1
a[1] =2
```

(2)数组名作函数参数

```
#include <stdio. h>
void swap2(int x[ ])
{ int z;
   z =x[0];      x[0] =x[1];      x[1] =z;
}
int main( )
{ int a[2] ={1,2};
   swap2( a );
   printf("a[0] =% d\na[1] =% d\n",a[0],a[1]);
return 0;
}
```

运行结果:

```
a[0] =2
a[1] =1
```

任务 5　指针的基本概念

任务描述

指针是C语言提供的一种特殊而又非常重要的数据类型，是C语言的灵魂与精华。在C语言程序设计中，利用指针可以直接对内存中各种不同结构的数据进行快速处理，同时也为函数间各类数据的传递提供了便捷的方法。正确而灵活地运用指针，可编写出精练、紧凑、功能强大而执行效率高的程序。每一个学习和使用C语言的人，都应当深入地学习和掌握指针。可以说，没有掌握指针就是没有掌握C的精华，而能正确理解和灵活使用指针是掌握C语言的一个最重要的标志。

任务分析

在计算机的内存储器中，拥有大量的存储单元。一般情况下，存储单元是以字节为单位进行管理的。为了区分内存中的每一个字节，就需要对每一个内存单元进行编号，且每个存储单元都有一个唯一的编号，这个编号就是存储单元的“地址”，称为内存地址。这样，当需要存放数据时，在地址所标识的存储单元中存放数据；当需要读取数据时，根据内存单元的编号或地址就可以找到所需的内存单元。

显然内存单元的地址和内存单元的内容是两个不同的概念。例如，在银行存取款时，银行工作人员根据帐号去找存单，找到之后在存单上写入存款、取款的金额。在这里，存单类似于存储单元，帐号就是存单的地址，存款数是存单的内容。

根据内存地址就可以准确定位到对应的内存单元，因此，内存地址通常也称为指针。对于一个内存单元来说，内存单元的地址即为指针，内存单元中存放的数据就是该内存单元的内容。在C语言中，每种数据类型的数据(变量或数组元素)都占用一段连续的内存单元。该数据的地址或指针就是指该数据对应存储单元的首地址。

任务重点与实施

8.5.1　变量与指针

当定义一个变量时，系统为变量分配存储单元，不同类型的数据在存储器中所占用的内存单元数不等，如字符型数据占用1个字节的内存单元，单精度类型数据占4个字节的内存单元等。系统分配给变量的内存单元的起始地址就是变量的地址，也就是变量的“指针”。例如有定义“float a=100;”，由于变量a的数据类型为float，则系统为变量a分配4个字节的存储单元，并将存储单元的内容修改为100，即进行变量的初始化，如图 8-3 所示。

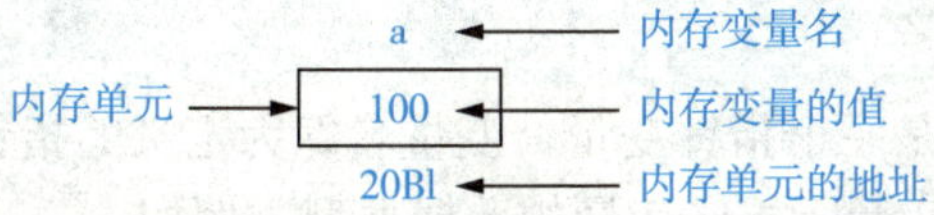

图 8-3　变量与内存单元

那么，要访问变量时，可以像前面项目中那样直接使用变量名，这种方式称为“直接访问”方式。例如有如下变量定义。

```
int i, j ;
```

则可直接访问变量 i 和 j，例如：

```
i =3
j = i+3;
```

“间接访问”方式是将变量的地址存放在另一个变量中，这类变量是专门存放地址的，称为指针变量(有时也称为地址变量)。通过指针变量中保存的内存地址，对对应的内存单元进行数据存取。假设程序中定义了 3 个整型变量 i，j，k，在程序编译时，系统可能分配地址为 2000 ~ 2001 的 2 个字节给变量 i，2002 ~ 2003 的 2 个字节给变量 j，2004 ~ 2005 的 2 个字节给变量 k。若有指针变量 i_pointer，内容为变量 i 的内存地址，即 2000，则称指针变量 i_pointer 指向变量 i，或者说 i_pointer 是指向变量 i 的指针，如图 8-4 所示。此时可用变量 i_pointer 来间接使用变量 i。

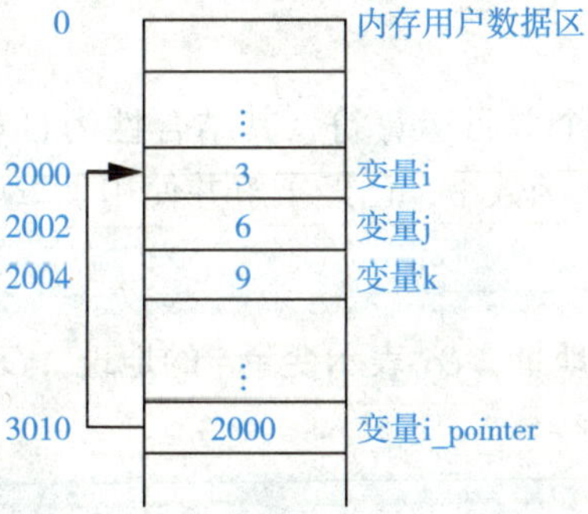

图 8-4　指针变量指向变量

8. 5. 2　指针变量的定义

指针就是内存单元的地址，也就是内存单元的编号，因此指针是一种数据，那么在 C 语言中，可以用一个变量来存放这种数据，这种变量称为指针变量。因此，一个指针变量的值就是某个内存单元的地址或称为某个内存单元的指针。和其他变量一样，指针变量在使用之前必须先定义。对指针变量的定义包括 3 个内容。

(1)指针类型说明符“ * ”，即定义变量为一个指针变量。

(2)指针变量名。

(3)基类型，指针所指向的变量的数据类型。

其一般形式为：

```
类型说明符 * 变量名;
```

其中，“＊”表示这是一个指针变量，变量名即为定义的指针变量名，类型说明符，即基类型，表示本指针变量所指向变量的数据类型。例如：

```
int * p1 ;
```

表示 p1 是一个指针变量，指针变量 p1 可以用来保存某个整型变量的地址。正确的读法为“p1 是一个指向整型变量的指针变量”或“p1 为整型指针变量”。至于 p1 究竟指向哪一个整型变量，应由向 p1 赋予的地址来决定。

再如：

```
char* p2 ;          /* p2 是指向字符型变量的指针变量 */
float* p3 ;             /* p3 是指向单精度类型变量的指针变量 */
double* p4 ;            /* p4 是指向双精度类型变量的指针变量 */
```

8.5.3 指针变量的引用

指针变量同普通变量一样，使用之前不仅要定义说明，而且必须赋予具体的值。未经赋值的指针变量不能使用，否则将造成系统混乱。指针变量的赋值只能被赋予一个内存地址，决不能赋予其他数据，否则将引起错误。在 C 语言中，变量的地址是由编译系统分配的，对用户完全透明，可通过相应的运算符来获得变量的地址。

关于指针类型的数据，有两个相关的运算符。

1. 取地址运算符“&”

取地址运算符“&”是一个单目运算符，其结合性为自右至左，其功能是取得变量的地址。在前面介绍的 scanf 函数中，已经了解并使用了“&”运算符。其一般形式为：

```
& 变量名
```

例如：&i 表示变量 i 的地址，&j 表示变量 j 的地址。变量本身必须预先说明。

例如，假定有定义语句：

```
int k, *  p;
```

那么，可以有以下语句：

```
p =&k;
```

或

```
char   k, *  p =&k;
```

把变量 k 的地址赋值给指针变量 p，此时指针变量 p 指向整型变量 k，假设变量 k 的地址为 2004。

2. 指针运算符“＊”

指针运算符“＊”是一个单目运算符，通常称为“间接访问运算符”或“引用运算符”，其结合性为自右至左，用来表示该指针所指的变量。在“＊”运算符之后的操作对象必须是指针类型的数据，如指针变量名。例如，有这样的定义及语句：

```
int k, * p = &k ;
x = * p ;
```

运算符“＊”访问以 p 为地址的存储单元，而 p 中存放的是变量 k 的地址(假设为 2004)，因此，＊p 访问的是地址为 2004 开始的存储单元，也就是变量 k 所占用的存储单元，所以上面的赋值语句等价于

```
x =k;
```

实际上，取地址运算符“&”与指针运算符“＊”是一对逆运算符。

若有以下变量定义：

```
int a, * p =&a;
```

则整型指针变量 p 保存整型变量 a 的地址，即指针变量 p 指向整型变量 a。此时，＊p 与 a 等价，同样 p 与 &a 等价。

那么，试分析如下表达式，哪些是正确的，哪些是错误的？若正确，则说明表达式的含义，若错误，则说明为什么。

(1)&＊p；(2)&＊a；(3)＊&a；(4)＊&p。

对于表达式 &＊p，运算符“&”和“＊”的优先级相同，但结合性是右结合，所以先进行＊p 运算，即表示变量 a，再进行 & 运算，即表示变量 a 的地址。因此，表达式 &＊p 与 p 等价，也与 &a 等价。

对于表达式 &＊a 是先进行＊a 运算，由于 a 为整型变量，而非指针变量，所以对整型变量 a 进行＊运算不符合 C 语言语法规则，故表达式 &＊a 为非法表示。

对于表达式＊&a 和表达式＊&p，请自己进行分析判断。

设有指向整型变量的指针变量 p，那么，如果要把整型变量 a 的地址赋值给指针变量 p 可以用以下 2 种方式。

(1)指针变量初始化的方法

```
int a ;
int * p = &a ;/*  定义 p 为整型指针变量,初始化保存整型变量 a 的地址 */
```

(2)赋值语句的方法

```
int a ;
int * p ;            /*  定义 p 为整型指针变量 */
p = &a ;             /*  整型指针变量 p 赋值为整型变量 a 的地址 */
```

注意在上面的示例中，“＊”出现在不同的位置，其含义不同。若出现在变量声明中，则“＊”是类型说明符，表示其后的变量 p 是指针类型；若出现在执行语句中，则“＊”为指针运算符，表示指针变量所指的变量。

在使用指针变量时，需要注意以下几点。

(1)只能将一个变量的地址赋值给与其数据类型相同的指针变量。也就是说，要使一个

指针变量保存某个变量的地址时，要保证变量的数据类型与指针变量的基类型一致。

例如：

```
int a , * p ;
p= &a ;
```

把整型变量 a 的地址赋值给整型指针变量 p。变量 a 的数据类型 int 与指针变量的基类型 int 一致。而下面的写法是错误的。

```
char c ;
int * p ;
p = &c ;
```

(2)可以将一个指针变量的值赋值给指向相同类型变量的另一个指针变量。

例如：

```
int a;
int* pa , * pb ;
pa =&a;
pb =pa ;
```

由于 pa，pb 均为指向整型变量的指针变量，因此可以相互赋值。

(3)指针变量只能被赋值为变量的地址，而不能被赋值为表达式的地址。如下面的写法是错误的。

```
int a =2 , b =3 ;
int  * p ;
p =&(a+b) ;
```

(4)不允许把一个整数赋值给指针变量，两者数据类型不同。因此下面的赋值是错误的。

```
int  * p ;
p =1000 ;
```

【例 8. 12】通过指针变量访问变量(间接访问变量)。

参考程序如下：

```
#include <stdio. h>
int main()
{
        int  a, b, c, * p ;                          /*  定义 p 为整型指针变量 */
    printf ("input three numbers:\n");
    scanf ("% d% d% d",&a,&b,&c);
    p =&a;                                  /*  判断并并使 p 指向值最大的变量 */
    if ( b>* p)   p =&b;                     /*  变量 b 与 p 指向的数据进行比较*/
    if ( c>* p)   p =&c;                     /*  变量 c 与 p 指向的数据进行比较*/
    printf("max =% d\n", * p ) ;          /*  间接访问 p 所指向的变量 */
return 0;
}
```

运行结果如图 8-5 所示。

图 8-5　例 8.12 运行结果

任务 6　函数指针

任务描述

在 C 语言中，函数指针是一种非常有用的特性，它允许程序在运行时动态地调用函数。在使用函数指针之前，确保它已被正确初始化。未初始化的函数指针可能导致未定义行为(如访问空指针)。

任务分析

函数指针允许程序在运行时决定要调用的函数，这在需要根据不同条件选择不同函数的场合非常有用。例如，在排序算法中，可以选择不同的比较函数来决定排序的规则。

任务重点与实施

8.6.1　指向函数的指针变量

函数在编译时被分配给一个入口地址，这个入口地址就称为函数的指针。在 C 语言程序中，可以用一个指针变量指向函数，然后通过该指针变量调用此函数。函数的地址和变量的地址不同，它表示调用该函数时，从某个地址开始执行，而函数名也代表了这个地址。

指向函数的指针变量定义的形式为：

```
数据类型  (*  指针变量名)()
```

其中，数据类型为指针所指函数的类型。例如：

```
int (* f)( );
```

定义了一个指向返回值为 int 型的函数的指针。此时指针 f 并没有具体指向哪一个函数，接下来需要给 f 赋值才可以用指针 f 去调用它所指向的函数。

给指向函数的指针变量赋值的形式为：

```
指针变量名=函数名;
```

例如：

```
f=max;
```

表示 f 指向了函数 max，那么 max 函数的返回值一定是 int 型。在赋值时只需给出函数名而不必给出参数。如何用 f 去调用函数 max 呢？用指针变量去调用函数时，只要将原函数调用语句中的函数名用(* 指针变量名)即可。例如：

```
c=max(a, b);
```

可写成：

```
c=(* p)(a, b);
```

【例 8.13】用指向函数的指针调用函数。

```
  # include <stdio. h>
    int main( )
    { int   x;
    void (* f)(int* ),input(int   * p),output(int   * p);
    f=input;
    (* f)(&x);      /* 用指针 f 去调用函数 input*/
     f=output;
    (* f)(&x);      /* 用指针 f 去调用函数 output */
return 0;
    }
    void   input(int   * p)
    {
scanf( "% d ", p);       /* 往 p 所指对象输入数据*/
    }
    void   output(int   * p)
    {
    printf(" % d\n", * p);    /* 输出 p 所指对象的值*/
    }
```

运行结果：

```
100
100
```

8.6.2　返回指针值的函数

函数的返回值可以是 int 型、float 型、char 型等，也可以返回一个指针值，也就是地址。这种返回指针值的函数的定义形式为：

```
函数类型* 函数名(形参表)
    { 函数体 }
```

例如：

```
int * f(int x, int y);
```

就是对一个函数 f 的声明。此时函数 f 有两个 int 型的参数，而这个函数的返回值则是一个指向 int 型数据的指针。返回指针值的函数与指向函数的指针在定义形式上是有区别的。

【例 8. 14】利用返回指针值的函数对两个字符串进行连接。

```
#include <stdio.h>
char * link_str(char * s1, char * s2)
{ char * p=s1;
  while(* p++);
  --p;
  while(* p++ = * s2++);
  return(s1);          /* 返回连接后的字符串的首地址*/
}
main()
{ char * p1=" The  C  ", * p2=" program." ;
  printf(" %s\n", link_str(p1, p2));
}
```

运行结果：

```
The  C  program.
```

知识拓展

汽车电子系统开发中函数和指针的应用

1. 函数的应用

汽车电子系统包含多个子系统，如发动机控制系统、制动系统等。函数可以将每个子系统的功能进行封装，例如，发动机控制系统中的函数用于控制燃油喷射、点火时间等。通过函数的调用，可以实现对发动机的精确控制。

2. 指针的应用

指针在汽车电子系统中用于实现实时数据处理。例如，在汽车的传感器数据采集系统中，使用指针可以快速地访问传感器采集到的数据，确保数据的实时性。

项 目 小 结

本项目主要介绍了函数和指针的相关知识。首先介绍了函数定义的一般形式、形参和实参；其次介绍了函数调用的方式；再次介绍了指针变量的定义和引用；最后介绍了指向函数的指针变量。通过本项目的学习，学生能够掌握函数间参数传递、返回值机制以及指针在数据结构和算法实现中的关键作用，提高逻辑思维的严谨性和算法设计的灵活性，使其能够设计出更高效、更巧妙的算法来解决实际问题。

项 目 习 题

一、填空题

1. 在以下程序中，select 函数的功能是：在 N 行 M 列的二维数组中，选出一个最大值作为函数值返回，并通过形参传回此最大值所在的行下标。请把空白处填空。

```
#define N 3
#define M 3
select(int a[N][M], int *n)
{ int i, j, row=1, colum=1;
for(i=0; i for(j=0; j if(a[i][j]>a[row][colum]){row=i; colum=j;}
 *n=________;
return________;
}
main()
{int a[N][M]={9, 11, 23, 6, 1, 15, 9, 17, 20}, max, n;
max=select(a, &n);
printf("max=%d, line=%d\n", max, n);
}
```

2. mystrlen 函数的功能是计算 str 所指字符串的长度，并作为函数值返回。请填空。

```
int mystrlen(char *str)
{ int i;
for(i=0; ________!='\0'; i++);
return________;
}
```

3. 以下程序中，主函数调用了 LineMax 函数，实现在 N 行 M 列的二维数组中，找出每一行上的最大值。请填空。

```
#define N 3
#define M 4
void LineMax(int x[N][M])
{ int i, j, p;
for(i=0; i<N; i++)
```

```
    { p=0;
      for(j=1; j<M; j++)
        if(x[i][p]<x[i][j])____ ;
      printf("The max value in line %d is %d\n", i, ____ );
    }
}
main()
{ int x[N][M]={1, 5, 7, 4, 2, 6, 4, 3, 8, 2, 3, 1};
________
}
```

4. 以下程序的功能是调用函数 fun 计算：m=1-2+3-4+…+9-10，并输出结果。请填空________。

```
int fun( int n)
{ int m=0, f=1, i;
for(i=1; i<=n; i++)
    {m+=i * f;
      f=____ ;
    }
return m;
          }
main()
{ printf("m=%d\n", ____ ); }
```

5. 若变量 n 中的值为 24，则 prnt 函数共输出______行，最后一行有______个数。

```
void prnt(int n, int aa[ ])
{ int i;
for(i=1; i<=n; i++)
    { printf("%6d", aa[i]);
      if(! (i%5) ) printf("\n");
    }
printf("\n");
}
```

6. 运行下列程序，当输入字符序列 AB $ CDE 并回车时，程序的输出结果是________。

```
#include <stdio.h>
rev()
{ char c;
   c=getchar();
   if(c=='$') printf("%c", c);
     else
```

```
        { rev();
          printf("%c", c);
          }
}
main()
{
rev();
```

二、选择题

1. 以下所列的各函数首部中，正确的是________。

   A. void play(var：Integer，var b：Integer)

   B. void play(int a，b)

   C. void play(int a，int b)

   D. Sub play(a as integer，b as integer)

2. 如有以下程序：

```
#include <stdio.h>
void f(int n);
main()
{ void f(int n);
f(5);
}
void f(int n)
{ printf("%d\n", n); }
```

   则以下叙述中不正确的是________。

   A. 若只在主函数中对函数 f 进行说明，则只能在主函数中正确调用函数 f。

   B. 若在主函数前对函数 f 进行说明，则在主函数和其后的其他函数中都可以正确调用函数 f。

   C. 对于以上程序，编译时系统会提示出错信息：提示对对 f 函数重复说明。

   D. 函数 f 无返回值，所以可用 void 将其类型定义为无值型。

3. 有以下函数定义：

```
    void fun(int n, double x) { …… }
```

   若以下选项中的变量都已正确定义并赋值，则对函数 fun 的正确调用语句是________。

   A. fun(int y，double m)；　　　　B. k=fun(10，12.5)；

   C. fun(x，n)；　　　　D. void fun(n，x)；

4. 有以下程序

```
fun(int a, int b)
{ if(a>b) return(a);
  else return(b);
```

```
}
main()
{ int x=3, y=8, z=6, r;
  r=fun(fun(x, y), 2*z);
  printf("%d\n", r);
}
```

程序运行后的输出结果是________。

A. 3　　B. 6　　C. 8　　D. 12

三、编程题

1. 写一个函数来判断素数，在主函数输入一个整数，输出是否素数的信息。

2. 写几个函数：

(1)输入10个学生的姓名和学生号；

(2)按学生号由大到小顺序排列，姓名顺序也随之调整；

(3)要求输入一个学生工号，用折半查找法找出该学生的姓名，从主函数输入要查找的学生号，输出该学生的姓名。

3. 用递归法将一个整数n转换成字符串，例如，输入23492，应输出字符串29432。n的位数不确定，可以是任意位数的整数。

4. 有5个人，第5个人说他比第4个人大2岁，第4个人说他对第3个人大2岁，第3个人说他对第2个人大2岁，第2个人说他比第1个人大2岁，第1个人说他10岁。求第5个人多少岁。

5. 在屏幕上显示杨辉三角形。

```
          1
        1   1
      1   2   1
    1   3   3   1
  1   4   6   4   1
1   5  10  10   5   1
……………………  ……
```

6. 编写一个判断素数的函数，将其存放在f1.c文件中并将该函数说明为外部函数，而main()函数存放在f2.c文件中并且在main()函数中说明并调用fi.c中的判断素数的函数。然后建立项目文件p1.prj，对fi.c和f2.c两个文件进行编译和链接。

项目9 复杂数据类型

项目导读

用户自定义(或自构造)的数据类型有：数组、结构体、共用体与枚举类型等，这些自定义类型的应用能极大地增强C语言对数据的表达与处理能力。本项目主要介绍复杂数据类型的相关知识。

学习目标

- 掌握结构体类型和结构体变量的定义。
- 掌握结构体数组、结构体指针和链表。
- 熟悉共用体数据类型的定义、引用和应用。
- 了解枚举数据和自定义数据类型。
- 掌握向函数传递结构体变量和结构体数组，结构体指针作为函数参数。
- 了解结构体、共用体占用内存的字节数。
- 掌握枚举类型。

思政目标

- 向学生强调守护代码安全、保护用户信息的重要性，使其树立严守职业道德底线的观念。
- 培养学生的独立思考能力和求真务实的品质，鼓励学生勇于质疑、敢于创新，并养成良好的学习习惯和职业素养。

任务1 结构体数据类型

任务描述

前面介绍过C语言的数据类型及分类。关于构造类型，曾介绍了数组的有关概念，用数组可以解决一些问题，但有些问题用数组就不能解决了。

任务分析

例如，有时需要将不同类型的数据组成一个有机的整体，这个整体中的数据之间有一定的关系。假设有一个学生学籍信息表，其中包括学号、姓名、性别、年龄、籍贯和入学成绩等属性，如表9-1所示。

表9-1　学生学籍信息表

学号	姓名	性别	年龄	籍贯	入学成绩
20181201	王鹏真	男	18	河北省邯郸市	554
20181202	李纪恒	男	19	河南省郑州市	538
20181203	王楠楠	女	18	海南省三亚市	501
20181204	纳格格	女	17	湖南省武汉市	523
20181205	…	…	…	…	…

显然学号、姓名、性别、年龄、籍贯和入学成绩等数据都是一个人的相关信息。这样的问题是不能用数组解决的，因为这些信息的数据类型不同，而数组中各元素的数据类型必须相同。若用6个单个的变量来表示，从语法角度来看是可以的，但单个的变量很难体现出这些数据之间的内在联系。而类似这样的问题在实际应用中非常普遍，这些数据既不能用数组表示，也不宜设置成单个的变量。为了解决这方面的问题，C语言提供了一种新的数据类型，就是结构体。它相当于其他高级语言中的文件记录类型或数据库中的表记录结构。

任务重点与实施

9.1.1　结构体类型的定义

"结构体"是一种构造类型，它是由若干"成员"组成的。每一个成员可以是一个基本数据类型或者又是一个构造类型。既然结构体是一种"构造"而成的数据类型，那么在说明和使用之前必须先定义它，也就是构造它，如同在说明和调用函数之前要先定义函数一样。定义结构体类型的一般形式为：

```
struct 结构体类型名
{
    成员表列
};
```

其中，struct是关键字，作为定义结构体数据类型的标志。后面紧跟的是结构体类型名，由用户自行定义。花括号{ }内是结构体的成员表列，其中说明了结构体所包含的成员及其数据类型。花括号{ }外的分号不能省略，表示结构体类型说明的终止。

成员表列由若干个成员(也称为数据项或分量)组成，每个成员都是该结构体类型的一个组成部分。对每个成员也必须作类型说明，其形式为：

```
类型说明符 成员名;
```

成员名的命名应符合标识符的命名规定。

例如，学生信息结构体类型的定义，假设学生信息的必要项目为学号(num)、姓名(name)、性别(sex)和成绩(score)等。

```
struct student
{
    long      num;
    char      name[20];
    char      sex;
    float     score;
};
```

在这个结构体类型定义中，结构体类型名为 student，该结构体类型由 4 个成员组成。第一个成员为 num，长整型变量；第二个成员为 name，字符数组；第三个成员为 sex，字符变量；第四个成员为 score，实型变量。结构体类型定义之后，即可进行变量说明。凡说明为结构体类型 student 的变量都由上述 4 个成员组成。

由此可见，结构体类型是一种复杂的数据类型，是数目固定、类型不同的若干有序变量的集合。

结构体的定义只定义了数据的形式，即声明了一种复杂的数据类型，并没有生成任何变量。

说明如下。

(1)结构体类型中的成员，既可以是基本数据类型，也可以是另一个已经定义的结构类型。例如：

```
struct   date                          /*  声明结构体类型 date */
{
    int        month ;
    int        day ;
    int        year ;
};
/*  声明结构体类型 student */
    struct
    student
{
    long          num;
    char          name[20];
    char          sex;
    struct date birthday;      /*  成员 birthday 的类型为 struct date 类型 */
    float         score;
};
```

首先定义一个结构体类型 date，由 month、day、year3 个成员组成，在定义结构体类型 student 时，其中的成员 birthday 被说明为结构体类型 data，即成员 birthday 由 month、day 和 year3 个成员组成。此时，结构体类型 struct student 的结构如图 9-1 所示。

num	name	sex	birthday			score
			month	day	year	

图 9-1　结构体类型 struct student 的结构

(2)数据类型相同的成员，既可逐个、逐行分别定义，也可合并成一行定义。例如，上面日期结构体类型的定义可改写为如下形式：

```
struct   date{int   year, month, day;};
```

(3)结构体类型中的成员名，可以与程序中的变量同名，但是它们代表不同的对象，互不影响。

(4)结构体类型定义可以在函数的内部进行，也可以在函数的外部进行。在函数内部定义的结构体，其作用域仅限于该函数内部，而在函数外部定义的结构体，其作用域是从定义处开始到本源程序文件结束。

总之，结构体类型的定义只是描述结构体类型数据的组织形式，规定这个结构体类型使用内存的模式，并没有分配一段内存单元来存放各数据项成员。只有定义了这种类型的变量，系统才为变量分配内存空间，占据存储单元。

9.1.2　结构体变量的定义

用户自己定义的结构体类型，与系统定义的标准类型(int、char 等)一样，可用来定义变量的类型。定义结构体变量有以下 3 种方法。

(1)先定义结构体类型、再定义结构体类型变量。

例如，定义学生信息结构体类型，再定义相应的结构体变量。

```
struct student
{
    long     num;
    char     name[20];
    char     sex;
    float    score;
};
struct student student1,student2;
```

结构体类型变量 student1、student2 拥有结构体类型的全部成员。这种方式定义结构体类型变量的一般形式为：

```
struct 结构体类型名 结构体变量名表;
```

(2)在定义结构体类型的同时，定义结构体类型变量。

例如，结构体类型变量 student1 和 student2 的定义可以改为如下形式。

```
struct  student
{
    long        num;
    char        name[20];
    char        sex;
    float       score;
} student1，student2；
```

被定义的结构体变量 student1 和 student2 直接在结构体类型定义的花括号后、分号前给出。如果编程需要，还可以使用 struct student 定义其他的变量。这种方式定义结构体变量的一般形式为：

```
struct  结构体 类型名;
{
成员表列
} 结构体类型变量表;
```

(3) 直接定义结构体类型变量(不出现结构体名)。

例如：

```
struct
{
    long        num;
    char        name[20];
    char        sex;
    float       score;
} student1，student2;
```

此时只是直接定义了上述结构体类型的两个结构体变量 student1 和 student2。这种形式由于省略了结构体类型名，所以没有结构体类型名，因此也就不能用它来定义其他的变量。这种方式定义结构体变量的一般形式为：

```
struct
{
成员表列
} 结构体类型变量表;
```

说明：结构体类型与结构体类型变量是两个不同的概念，其区别如同 int 类型与 int 型变量的区别，只能对变量进行赋值、存取或运算，而不能对类型进行赋值、存取或运算。在编译时，对类型是不分配内存单元的，只对变量分配内存单元。

就像声明一个普通变量那样，系统将为结构体类型变量分配存储单元，存储单元的大小取决于变量的数据类型。在这里，当声明一个结构体类型变量时，系统同样要为结构体类型变量分配存储单元，其大小为该结构体类型变量的各个成员所占内存单元之和，同样系统为其分配一段连续的存储单元，依次存储各成员数据。

在程序中使用结构体变量时，一般情况下，不把结构体变量作为一个整体参加数据处理，而是用结构体变量的各个成员来参加各种运算和操作。例如，赋值、输入、输出、运算等操作都是通过结构体变量的成员来实现的。

引用结构体变量成员的一般形式是：

```
结构体 变量名．成员名
```

例如：

```
student1. num                /*  即 student1 的学号 num */
student2. sex                /*  即 student2 的性别 sex */
```

如果结构体变量的成员本身又是一个结构体类型的数据，那么，必须逐级找到最低级的成员才能使用。例如：

```
student1. birthday. month =12;
student1. birthday. day =25;
student1. birthday. year =1990;
```

关于结构体变量的说明如下。

(1)结构体成员是结构体变量中的一个数据，成员项的数据类型是结构体类型定义时定义的，对结构体类型变量的成员可以进行何种运算是由其类型决定。允许参加运算的种类与相同类型的简单变量的种类相同。例如：

```
student2. score = student1. score + 10;
sum =student2. score + student1. score;
student1. num ++ ;
```

(2)可以引用结构体变量的成员的地址，也可以引用结构体变量的地址。例如：

```
scanf ("% f", & student1. score) ;        /*  输入 student1. score 的值 */
printf ("% x", & student2 ) ;             /*  输出 student2 的首地址 */
```

(3)结构体变量的地址主要用作函数参数，传递的是结构体变量的地址。

(4)一个结构体变量也可以作为一个整体来引用。

C语言允许两个相同类型的结构体变量之间相互赋值，这种结构体类型变量之间赋值的过程是将一个结构体变量的各个成员的值赋值给另一个结构体变量的相应成员。例如下面的赋值语句是合法的：

```
student2 = student1;
```

C语言不允许用赋值语句将一组常量直接赋值给一个结构体变量。如下面的赋值语句是不合法的：

```
student2 = {80511, "Zhang San", 'M', {5, 12, 1980}, 87. 5} ;
```

(5)结构体类型变量也可以进行初始化。

结构体变量初始化的格式，与一维数组的初始化相似，不同的是，如果结构体变量的某个成员本身又是结构体类型，则该成员的初值为一个初值表。例如：

```
struct student_type stud  = {80511, "Zhang San", 'M', {5, 12, 1980}, 87. 5} ;
```

注意：结构体变量的各个成员初值的数据类型，应该与结构体变量中相应成员的数据类型一致，否则会出错。

【例 9. 1】结构体变量成员的输入和输出。

参考程序如下：

```
#include <stdio. h>
struct   student
{
   long int num ;
         char name[20] ;
         char sex ;
         char addr[30] ;
} ;
int main( )
{
         struct student s1,s2;
         printf( "Input num : ") ;
scanf( "% ld" ,&s1. num) ;
         printf( "Input name : " ) ;
scanf( "% s" , s1. name ) ;
         printf( "Input sex : " ) ;
scanf( "% c" , &s1. sex ) ;           /*  在"% c"前面加一个空格,将存于缓冲区中的回车符读入*/
              getchar();              /*  吸收掉前面输入字符数据后面键入的回车字符*/
printf( "Input address : " ) ;
gets( s1. addr ) ;
              s2 =s1;                 /*  s1 的所有成员的值整体赋予 s2*/
         printf( "\nOUTPUT : \n " ) ;
         printf( "\tNO. :% ld \n" ,s2. num ) ;
         printf( "\tname:% s \n" , s2. name ) ;
         printf( "\tsex:% c \n" ,s2. sex ) ;
         printf( "\taddress:% s \n" ,s2. addr ) ;
              return    0;
}
```

运行结果如图 9-2 所示。

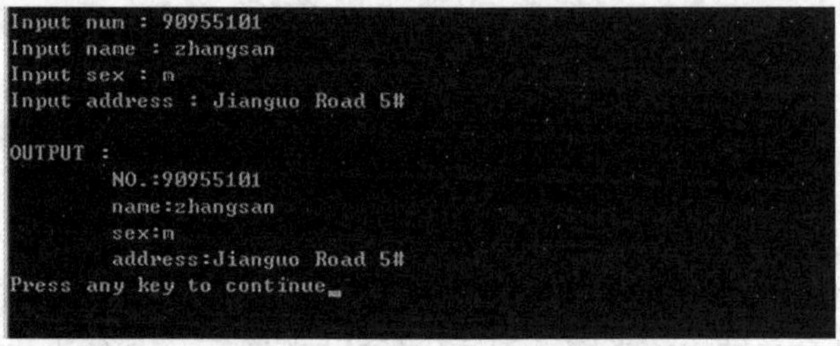

图 9-2　例 9. 1 运行结果

程序中用 scanf 函数动态地输入 num、name、sex 和 addr 成员值，然后把 s1 的所有成员的值整体赋予 s2(结构体变量可以整体赋值)。最后分别输出 s2 的各个成员值。本例给出了结构体变量输入和输出的方法。特别要注意的是，进行字符和字符串数据输入的 2 种处理方法——scanf 函数中 name、sex 和 gets(addr)。

9.1.3 结构体数组

当数组的元素是结构体类型时，就构成了结构体数组。结构体数组是具有相同结构体类型的变量集合。结构体数组的每一个元素都具有相同结构体类型。其定义的一般形式和前面定义结构体变量相同，只是把变量名改为数组名即可。

(1)先定义结构体类型，再定义结构体类型的数组，其一般形式为：

```
struct 结构体类型名 结构体数组名[数组长度];
```

例如：

```
struct student
{   int num ;
char name[20] ;
char sex ;
int age ;
float score;
} ;
Struct student   class[30];
```

定义了一个结构体类型的数组 class，该数组中共有 30 个元素，class[0]、class[1]、…、class[29]。每个数组元素都具有 struct student 的结构体类型。

(2)在定义结构体类型的同时定义结构体数组，其一般形式为：

```
struct 结构体类型名;
{
成员表列
} 结构体数组名[数组长度] ;
```

(3)直接定义结构体类型数组，其一般形式为：

```
struct
{
成员表列
} 结构体数组名[数组长度] ;
```

在引用结构数组元素的成员时的一般形式为：

```
结构体数组名[下标]. 成员名
```

例如：

```
class[0]. num  = 80611 ;
strcpy ( class[1]. name ,"Huang Ming" );
class[2]. sex  ='M' ;
class[3]. age  =19 ;
```

```
class[4]. score =77. 5 ;
```

与其他类型的数组一样，对结构体数组可以进行初始化。例如：

```
struct student
{
int num ;
char  name[20] ;
char  sex ;
int  age ;
float  score;
} ;
struct student  st[3] = {{80601 , "Zhangsan",'M', 19, 85. 0},
                         {80602 , "Lisi", 'F', 18, 91. 5 } ,
                         {80603 , "Wangdashan", 'M', 20, 76. 5}};
```

以上定义了一个数组 st，其元素为 struct student 类型数据，st 数组共有 3 个元素，各元素在内存中连续存放，如图 9-3 所示。

	num	name	sex	age	score
st[0]	80601	Zhangsan	M	19	85. 0
st[1]	80602	Lisi	F	18	91. 5
st[2]	80603	Wangdashan	M	20	76. 5

图 9-3　结构体数组的初始化

定义数组 st 时，元素个数可以不指定，即可以写成以下形式：

```
struct student st[3] = { {…}, {…}, {…} } ;
```

编译时，系统会根据所给出初值的个数来确定数组元素的个数。

【例 9. 2】已知若干个学生的姓名、学号和某门课程成绩，编写程序，对学生记录按成绩从高分至低分排序，输出排序后的学生表，并输出其的名次。

参考程序如下：

```
#include <stdio. h>
#include <string. h>
#define  N  4
struct student
{  long num;
char name[20] ;
float score;
} ;
int main()
{
    int i , j , k ;
    struct student  p[N] , temp ;
    /*  输入 N 个学生信息:学号、姓名和某课程成绩 */
    for( i =0 ; i<N ; i++ )
```

```
    {
        printf("输入第%d个学生的学号：", i+1);
        scanf ("%ld", &p[i]. num );
        printf("输入第%d个学生的姓名：", i+1 );
        scanf ("%s", p[i]. name ) ;
        printf("输入第%d个学生的成绩：", i+1 );
        scanf ("%f", &p[i]. score ) ;
        printf("\n");
}
/*  对输入的N个学生信息按课程成绩进行降序排序 */
for ( i=0 ; i<N-1 ; i++ )
{  k = i ;
        for( j=i+1 ; j<N ; j++ )
{
        if( p[j]. score > p[k]. score ) k = j ;
}
        temp. num=p[i]. num ; temp. score=p[i]. score ;  strcpy(temp. name, p[i]. name);
        p[i]. num=p[k]. num;   p[i]. score=p[k]. score ;   strcpy(p[i]. name, p[k]. name);
        p[k]. num=temp. num; p[k]. score=temp. score;   strcpy(p[k]. name, temp. name);
}
/*  对输入的N个学生信息按课程成绩进行降序排序 */
printf("\n* * * * * * * * * * * * * * * *   输出表 * * * * * * * * * * * * * * * * * * \n");
printf("\n名次学号姓名成绩\n");
for ( i = 0 ; i < N ; i++ )
{
        printf("%-6d%ld %-15s %6f\n", i+1, p[i]. num, p[i]. name, p[i]. score) ;
    }
    return 0;
}
```

运行结果如图9-4所示。

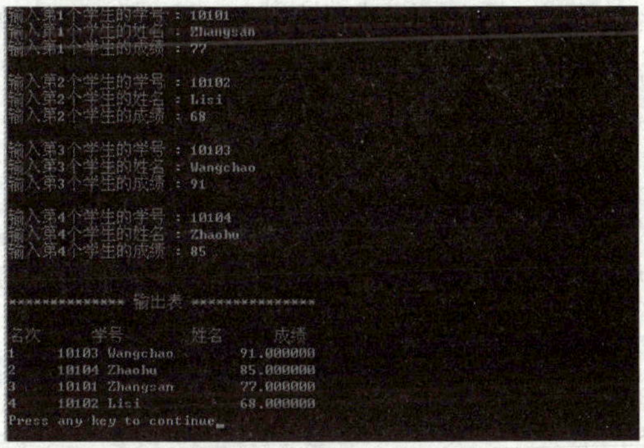

图9-4　例9.2运行结果

程序中定义了一个结构体类型student，在main函数中定义了student类型结构体变量temp和一个结构体数组p[4]。在for语句中，用scanf函数分别输入结构体数组p[i]各个成员的值。然后对输入的 N 个学生信息按课程成绩进行降序排序。最后在 for 语句中用 printf 语句输出结构体数组 p[i]各元素中的成员值。

9.1.4 结构体指针

1. 指向结构体变量的指针

当一个指针变量用来指向一个结构体变量时，称为结构体指针变量。结构体指针变量中的值是所指向的结构体变量的首地址。通过结构体指针即可访问该结构体变量，这与数组指针和函数指针的情况是相类似的。

结构体指针变量说明的一般形式为：

```
struct  结构体类型名 *  结构体指针变量名；
```

其中，结构体类型名必须是已经被定义过的结构体类型。

例如，声明一个指向结构体变量的指针变量：

```
struct student
{
    int num ;
    char*  name ;
    char sex ;
    int age ;
    float score;
} ;
struct student stud ;
struct student *  ps ;
int a, b, c;
```

结构体指针变量的定义规定了其特性，并为结构体指针变量自身分配了内存单元。结构体指针变量在使用前，必须通过初始化或赋值运算的方式将具体的某个结构体变量的存储地址值赋值给它。这时要求结构体指针变量与结构体变量必须属于同一结构体类型。

例如：

```
ps  =  &a ;
```

这是错误的，因为，变量 a 的数据类型与指针变量 ps 的基类型不相同。

```
ps =&student ;
```

这也是错误的，student 是结构体类型名，不占用存储单元，因此没有内存地址。

```
ps =&stud ;
```

这是正确的，因为，变量 stud 的数据类型与指针变量 ps 的基类型相同。

在这里，结构体指针变量 ps 指向了结构体类型变量 stud，那么，结构体类型变量

stud 的成员如 score 可以表示为：

```
stud. score
```

或

```
(* ps). score
```

注意：＊ps 两边的括弧不可省略，因为成员运算符“.”的优先级高于“＊”运算符。

在 C 语言中，为了直观和使用方便，可以把“(＊ ps). score”改用“ps->score”来代替，即结构体指针变量 ps 所指向的结构体变量中的 score 成员。同样，“(＊ps). name”等价于“ps->name”。也就是说，当一个结构体指针变量指向一个结构体类型变量时，以下 3 种形式是等价的。

(1)结构体类型变量 . 成员名

(2)(＊ 结构体指针变量) . 成员名

(3)结构体指针变量 ->成员名

其中，“->”也是一种运算符，称为指向运算符，它表示的意义是结构体指针变量所指向的结构体数据中的成员。

【例 9.3】通过结构体指针引用结构体变量的成员。

参考程序如下：

```
#include <stdio. h>
#include <string. h>
struct student
{   long num ;
      char name[20] ;
      char sex ;
      float score ;
};
int main( )
{
struct student stud, *  p =&stud ;
      stud. num =99301 ;
      strcpy( stud. name, "Zhangsan" ) ;
(*  p). sex ='M' ;
(*  p). score =84. 5 ;
      printf( "NO. :\t% ld\n" , (*  p). num ) ;
      printf( "name:\t% s\n" , p -> name ) ;
      printf( "sex:\t% c\n" ,p -> sex ) ;
      printf( "score:\t% f\n" ,stud.  score ) ;
      return 0;
}
```

运行结果如图 9-5 所示。

图 9-5　例 9.3 运行结果

程序中定义了一个结构体类型 student，在 main 函数中定义了 student 类型结构体变量 stud 和一个指向 student 类型结构体的指针变量 p，并将 stud 的地址赋予 p，因此 p 指向 stud。然后对结构体变量成员进行赋值，最后在 printf 语句内用 3 种表示结构体成员的形式输出 stud 的各个成员值。从运行结果可以看出，3 种用于表示结构体成员的形式是完全等效的。

2. 指向结构体数组的指针

既然结构体类型指针变量可以指向一个结构体变量，那么，结构体类型指针变量也可以指向一个结构体数组，这时结构体指针变量的值是整个结构体数组的首地址。同样，结构体指针变量也可指向结构体数组的一个元素，这时结构体指针变量的值是该结构体数组元素的首地址。设 ps 为指向结构体数组的指针变量，则 ps 指向该结构体数组的 0 号元素，ps+1 指向 1 号元素，ps+i 则指向 i 号元素。这与普通数组的情况是一致的。

若有以下声明：

```
struct student
{
     int num ;
     char*  name ;
     char sex ;
     int age ;
     float score;
} ;
struct student st[3] = {{80601 , "Zhangsan", 'M', 19, 85. 0},
                        {80602 , "Lisi", 'F', 18, 91. 5 } ,
                        {80603 , "Wangdashan", 'M', 20, 76. 5}};
struct student *  ps =st ;
```

则需要注意以下 2 点。

(1)结构体指针变量 ps 的初值为 st，即 ps 保存结构体数组 st 的首地址，ps 指向数组 st 的第一个元素，即 ps 的值为 &st[0]，则表达式 ps+1 指向数组下一个元素的起始地址，即 &st[1]。那么，可以有下面的表达式：

```
(++ps)- >num        /* 使 ps 自加 1,然后得到其所指元素的 num 成员值,即 80602*/
(ps++)->num         /* 得到 ps->num 的值,即 80601,然后使 ps 自加 1,指向 st[1]*/
```

(2)ps 已定义为指向 struct student 类型数据的指针变量，它只能指向一个此结构体类型数据，也就是说，ps 只能用来保存 st 数组的某个元素的起始地址，而不能指向结构体类型数据的某一成员，即 ps 不能用来保存数组元素的某一成员的地址。例如：

```
ps=&st[1];
```

这是正确的。

```
ps=&st[0].num;
```

这是错误的。

(3)但对于地址类型不相同的情况，若要实现赋值，可使用强制类型转换。例如：

```
ps=(struct student * )&st[0].num;
```

【例 9.4】通过结构体指针对结构体数组进行操作。

参考程序如下：

```
#include <stdio.h>
struct  student
{
    long num;
    char name[20];
    char sex;
    float score;
    char addr[30];
};
int main( )
{
struct student stu[3] =
        {{99301, "Zhangsan", 'M', 93.0, "No.4 Jinhua Road"},
         {99312, "Lisi", 'M', 76.0, "No.102 Lianhu Road"},
         {99327, "Susan", 'F', 87.0, "No.32 Heping Road"}};
    struct  student * p;
    printf("No.  Name                Sex Score Address\n");
    for(p=stu; p < stu+3; p ++)
        printf("%5ld %-20s %2c\t%5.1f\t%-30s\n",
        p->num, p->name, p->sex, p->score, p->addr);
    return 0;
}
```

运行结果如图 9-6 所示。

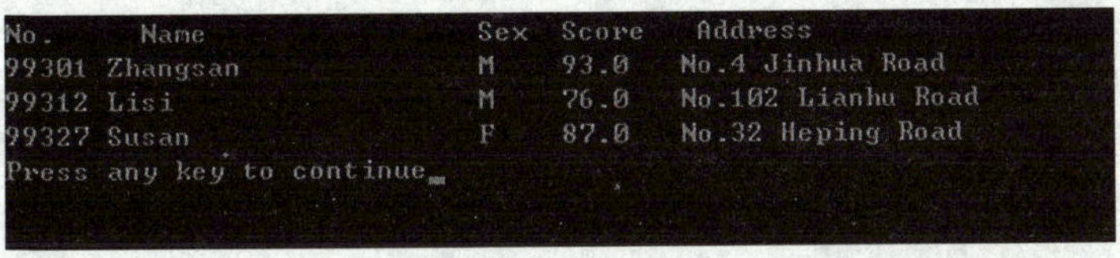

图 9-6　例 9.4 运行结果

程序中定义了 student 结构体类型，在 main 函数内定义了 student 结构体类型数组 stu 并作了初始化赋值，定义 p 为指向 student 类型的指针。在循环语句 for 的表达式 1 中，p 被赋予 stu 的首地址(这是对 p 的初始化)，然后循环 5 次，输出 stu 数组中各成员值。

3. 用指向结构体类型数据的指针作函数参数

在 ANSI C 标准中，允许用结构体变量作函数参数进行整体传递。但是这种传递要将全部成员逐个传递，特别是成员为数组时将会使传递的时间和空间开销很大，严重地降低了程序的效率。因此最好的办法就是使用指针，即用指向结构体类型数据的指针变量作函数参数进行传递。这时由实参传递给形参的只是结构体类型数据的地址，通过结构体指针形参来对结构体类型数据进行操作，从而减少时间和空间的开销。

【例 9.5】用指向结构体变量的指针作函数参数。

参考程序如下：

```
#include <stdio. h>
struct   student
{
      long num ;
      char name[20] ;
int score[4] ;
int sum ;
int average ;
} ;
int main( )
{
void scorecpt(struct student *  p );
struct student st ={ 99301, "Zhangsan",{85, 76, 92, 69}} ;
scorecpt ( &st ) ;
printf ("\n 学号:% ld", st. num ) ;
printf ("\n 姓名:% s", st. name ) ;
printf ("\n 成绩 1:% d", st. score[0] ) ;
printf ("\n 成绩 2:% d", st. score[1] ) ;
printf ("\n 成绩 3:% d", st. score[2] ) ;
printf ("\n 成绩 4:% d", st. score[3] ) ;
printf ("\n 总分:% d", st. sum ) ;
printf ("\n 平均分:% d", st. average ) ;
      return   0;
}
void scorecpt(struct   student *  p )
{
int i , sum =0, avg;
for ( i =0 ; i < 4 ; i++ )
      sum =sum+p->score[i] ;
avg =sum/4;
```

```
p->sum =sum;
p->average =avg;
}
```

运行结果如图 9-7 所示。

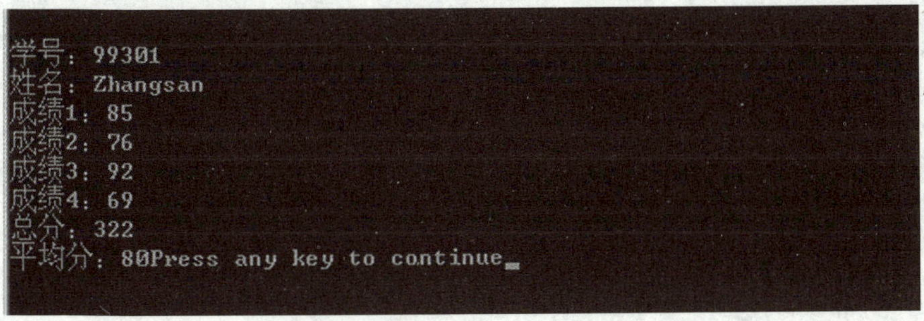

图 9-7　例 9.5 运行结果

程序中定义了函数 scorecpt，其形参为结构体指针变量 p。在 main 函数中定义了结构体类型变量 st 并初始化赋值，并把 st 的首地址作实参调用函数 scorecpt，在函数 scorecpt 中完成计算总分和平均成绩。然后在主函数中通过 printf 语句输出结构体成员的值。

【例 9.6】用指向结构体数组元素的指针作函数参数。

参考程序如下：

```
#include <stdio. h>
struct  student
{
    long num ;
    char name[20] ;
int score[4] ;
int sum ;
int average ;
} ;
int main( )
{
void scorecpt(struct  student *  p );
struct student*  p ;
struct student   st[5] =
    { { 99301, "Zhangsan", {85, 76, 92, 69}} ,
    { 99302, "Lisi", {74, 80, 71, 62}} ,
    { 99303, "Wangjing", {68, 88, 74, 78}} ,
    { 99304, "Huangming", {73, 68, 82, 75}} ,
    { 99305, "Liuxiang", {86, 78, 83, 90}} } ;
    printf ( "\n\t* * * * * 用指向结构体数组元素的指针作函数参数* * * * * \n" );
```

```
        printf ( "\n 学号\t 姓名\t\t 成绩 1\t 成绩 2\t 成绩 3\t 成绩 4\t 总分\t 平均分" ) ;
        for ( p = st ; p < st+5 ; p++ )
    {
    scorecpt ( p ) ;
    printf ( "\n %ld", p->num ) ;
    printf ( "\t %-10s", p->name ) ;
    printf ( "\t %d", p->score[0] ) ;
    printf ( "\t %d", p->score[1] ) ;
    printf ( "\t %d", p->score[2] ) ;
    printf ( "\t %d", p->score[3] ) ;
    printf ( "\t %d", p->sum ) ;
    printf ( "\t %d", p->average ) ;
    }
        printf ( "\n" ) ;
        return 0;
    }
    void scorecpt(struct  student * p )
    {
    inti, sum =0, avg;
    for (i =0; i < 4; i++ )
        sum =sum+p->score[i] ;
    avg =sum/4;
    p->sum =sum;
    p->average =avg;
    }
```

运行结果如图 9-8 所示。

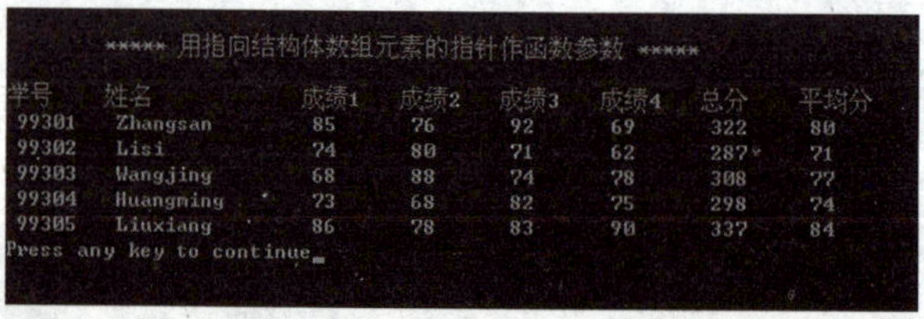

图 9-8　例 9.6 运行结果

程序中定义了函数 scorecpt，其形参为结构体指针变量 p。在 main 函数中定义了结构体指针变量 p 和结构体数组 st 并初始化赋值。在 for 循环中，把结构体数组 st 的首地址赋给结构体指针变量 p 作实参调用函数 scorecpt。在函数 scorecpt 中计算一个学生的总分和平均成绩，然后通过 printf 语句输出一个学生的信息。

【例 9. 7】用结构体数组名作函数参数。

参考程序如下：

```
#include <stdio. h>
struct student
{
```

```
        long num;
        char name[20];
int score[4];
int sum;
int average;
} ;
int main( )
{
  void scorecptall(struct student * p , int n);
struct student* p ;
struct student st[5] =
        { { 99301, "Zhangsan", {85, 76, 92, 69}},
        { 99302, "Lisi", {74, 80, 71, 62}},
        { 99303, "Wangjing", {68, 88, 74, 78}},
        { 99304, "Huangming", {73, 68, 82, 75}},
        { 99305, "Liuxiang", {86, 78, 83, 90}}};
        printf ( "\n\t* * * * * 用结构体数组名作函数参数* * * * * \n");
scorecptall ( st, 5) ;
        printf ( "\n 学号\t 姓名\t\t 成绩 1\t 成绩 2\t 成绩 3\t 成绩 4\t 总分\t 平均分" ) ;
for(p = st ; p < st+5 ; p++ )
{
        printf ( "\n% ld", p->num);
        printf ( "\t% -10s", p->name);
        printf ( "\t% d", p->score[0]);
        printf ( "\t% d", p->score[1]);
        printf ( "\t% d", p->score[2]);
        printf ( "\t% d", p->score[3]);
        printf ( "\t% d", p->sum ) ;
        printf ( "\t% d", p->average ) ;
    }
        printf ( "\n");
        return 0;
}
void scorecptall(struct student * p , int n)
{
inti, sum, avg;
        struct  student * q;
for ( q =p; q < p+n; q++)
{
        sum =0;
for ( i =0 ; i < 4 ; i++ )
            sum =sum+q->score[i];
        avg =sum/4;
        q->sum =sum;
        q->average =avg;
```

```
    }
}
```

运行结果如图 9-9 所示。

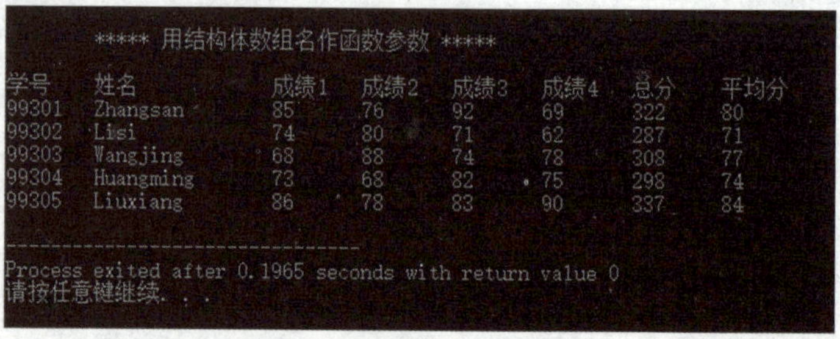

图 9-9　例 9.7 运行结果

程序中定义了函数 scorecptall，其形参为结构体指针变量 p。在 main 函数中定义了结构体指针变量 p 和结构体数组 st 并初始化赋值。把结构体数组 st 的首地址作实参调用函数 scorecptall。在函数 scorecptall 中计算每个学生的总分和平均成绩。然后在主函数中通过 for 循环语句中的 printf 语句输出每个学生的信息。

9.1.5　链表

动态数据结构最大的优点是数据的多少及其相互之间的逻辑关系可以在程序执行的过程中按具体需要进行改变。常用的动态数据结构有链表、树和图等。

1. 动态存储分配函数

在数组项目中，曾介绍过数组的长度是预先定义好的，在整个程序执行过程中数组的长度固定不变。C 语言中不允许动态数组类型。例如：

```
int n;
scanf ("% d",&n) ;
int a[n];
```

用变量表示长度，想要对数组的大小作动态说明，这是错误的。

但是在实际的编程中，往往会发生这种情况，即所需的内存空间取决于实际输入的数据，而输入数据的个数预先无法确定。对于这种问题，用数组的办法很难解决。为了解决上述问题，C 语言提供了一些内存管理函数，这些内存管理函数可以按需要动态地分配内存空间，也可把不再使用的空间回收待用，为有效地利用内存资源提供了手段。

常用的运算符以及内存管理函数如下。

(1)求字节数运算符 sizeof( )

格式：

```
sizeof (类型名或变量名)
```

运算符的功能是返回指定类型或变量的长度。例如有如下定义：

```
float   ft ;
char   ch[12] ;
```

那么，sizeof(ft)的值为4，sizeof(ch)的值为12，sizeof(double)的值为8。

(2)分配内存空间函数 malloc()

函数调用形式：

```
void *   malloc ( size )
```

函数的功能是在内存的动态存储区中分配一块长度为“size”字节的连续区域。函数的返回值为该区域的首地址。

例如：

```
char   pc ;
pc =(char * )malloc(100);
```

表示分配100个字节的内存空间，并强制转换为字符数组类型，函数的返回值为指向该字符数组的指针，把该指针赋予指针变量 pc。

(3)分配内存空间函数 calloc()

函数调用形式：

```
void *   calloc ( n , size )
```

函数的功能是在内存动态存储区中分配 n 块长度为“size”字节的连续区域。函数的返回值为该区域的首地址。

例如：

```
struct student * ps ;
ps  = (struct student *   ) calloc ( 2 , sizeof ( struct student ) ) ;
```

其中的 sizeof (struct student)是求 struct student 的结构长度。因此该语句的意思是：按 struct student 结构体类型数据的长度分配2块连续区域，强制转换为 struct student 类型，并把其首地址赋予结构体指针变量 ps。

(4)释放内存空间函数 free()

调用形式：

```
void   free ( void *   ptr ) ;
```

函数的功能是释放 ptr 所指向的一块内存空间。

说明：ptr 是一个任意类型的指针变量，它指向被释放区域的首地址。被释放区应是由 malloc 或 calloc 函数所分配的区域。

例如：释放上面示例中指针 pc 和 ps 所指向的内存空间。

```
free (pc) ;
free (ps) ;
```

需要说明的是，动态存储分配函数的原型在头文件<alloc. h>或<stdlib. h>中。

2. 动态数据结构——“链表”

将逻辑上相邻的数据分配在物理上相邻的存储单元中，数据之间的逻辑关系通过存储单元的邻接关系来体现，这样的存储方式称为“顺序存储”。

将逻辑上相邻的数据分配在物理上离散的存储单元中，然后在每一个存储单元中存入相邻数据的存储地址，使数据之间的逻辑关系通过地址的链接关系来体现，这样的存储方式称为“链接存储”。

所谓“链表”就是把存放在离散的存储单元中的数据用地址链接而成的数据链。链表实例如图 9-10 所示。

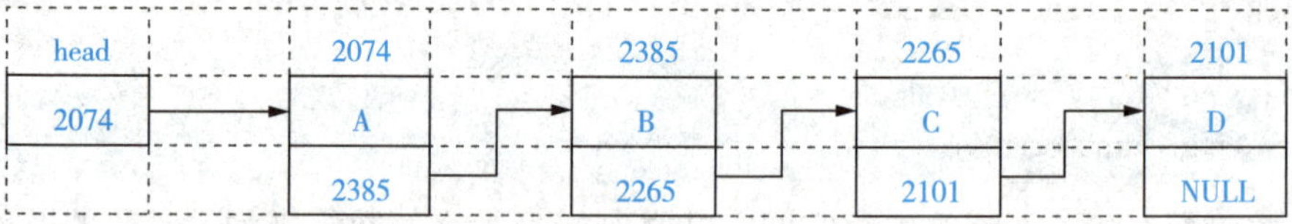

图 9-10 链表实例

链表中有一个“头指针”(head)，该指针指向第一个元素，若 head 指针的值为“NULL”(空值)，则表示此链表为空表，即链表中不包括任何元素。链表中的每一个元素称为一个“结点”，每个结点都包括两部分信息，一部分信息是数据域，存放各种实际的数据，如学号 num，姓名 name，性别 sex 和成绩 score 等。另一部分信息为指针域，存放下一个结点在内存中的起始地址。链表中的每一个结点都是同一种结构类型。也就是说，头指针保存第一个结点的内存地址，第一个结点的指针域保存第二个结点的内存地址，以此类推下去，直到最后一个结点，最后一个结点不再指向其他结点，此结点称为“表尾”，其指针域放了一个“NULL”，表示链表到此结束。

从上述的内容中可以看出，链表的各个元素在内存中可以不连续存放。要找到某一个结点，必须先找到上一个结点，根据其提供的地址，才能找到下一个结点。这种结构在日常生活中也常常用到，例如，一条铁链，一环套一环，中间不能断开。在格式化好的磁盘中，都有一个文件分配表，这个文件分配表就是一个典型的链表结构。

3. 链表结点的结构描述

链表的结点是一个结构类型，其指针域所指的对象是一个与其自身类型完全相同的结构体变量，这就形成了结构体类型的递归定义。

链表结点的类型定义：

```
struct  结构体 类型名
{
    数据成员表列；
    struct  结构体名 *  指针成员名；
}；
```

例如，一个存放学生学号和成绩的结点应为以下结构：

```
struct  student_list
{
int  num ;
int  score ;
struct  student_list  * next ;
} ;
```

在上面的声明中，前两个成员项组成数据域，后一个成员项 next 构成指针域，是一个指向 struct student_list 类型结构的指针变量成员。

4. 链表的基本操作

对链表的基本操作有创建、检索(查找)、插入、删除和修改等。

(1)创建链表：指从无到有地建立起一个链表，即往空链表中依次插入若干结点，并保持结点之间的关系。

【例 9.8】建立一个链表，存放学生数据。为简单起见，假定学生数据结构中只有学号一项。

参考程序如下：

```
#include <stdio. h>
#include <string. h>
struct student_type
{
  int num;
  struct student_type  * next;
};

struct student_type * creatlinklist ( int  n )
{  struct student_type* head,* pf,* pb;
int  i ;
   for(i =0;i<n ; i++ )
{
pb =( struct student_type * ) malloc(sizeof (struct student_type ) ) ;
printf("Input Number \n" ) ;
scanf("% d ",&pb->num ) ;
pb->next = NULL ;
if(i = =0)pf =head =pb;
else  { pf->next = pb ;  pf =pb; }
}
return(head);
}
```

(2)结点检索：指按给定的结点特征或检索条件，查找某个结点。如果找到指定的结点，则检索成功；否则，检索失败。

(3)结点插入：指在结点 a 与结点 b 之间插入一个新的结点 x，使线性表的长度增 1，且结点 a 与结点 b 的逻辑关系发生如下变化：插入前，结点 a 是结点 b 的前驱，结点 b 是结点 a 的后继；插入后，新插入的结点 x 成为结点 a 的后继、结点 b 的前驱，如图 8-11 所示。

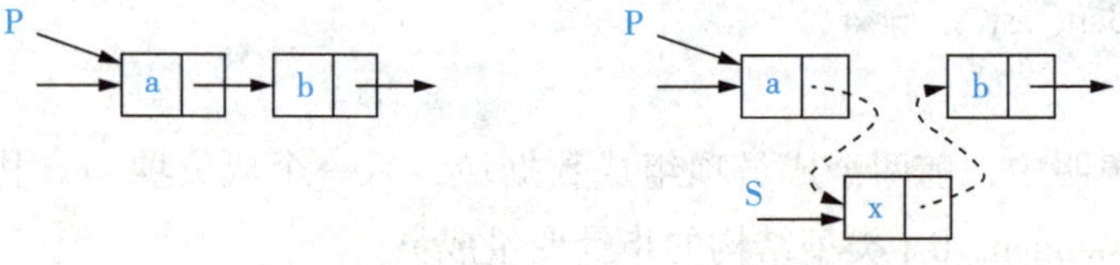

图 9-11　链表的插入操作

【例 9.9】编写函数，在指定结点之后插入结点。

参考程序如下：

```
void insert (struct student_type *  p , int num )
{
struct student_type * s ;
s =( struct student_type * ) malloc(sizeof (struct student_type ) ) ;
s->next = p->next ;
p->next =s ;
}
```

(4)结点删除：指删除结点 b，使线性表的长度减 1，且结点 a、结点 b 和结点 c 之间的逻辑关系发生如下变化：删除前，结点 b 是结点 c 的前驱、结点 a 的后继；删除后，结点 a 成为结点 c 的前驱，结点 c 成为结点 a 的后继，如图 9-12 所示。

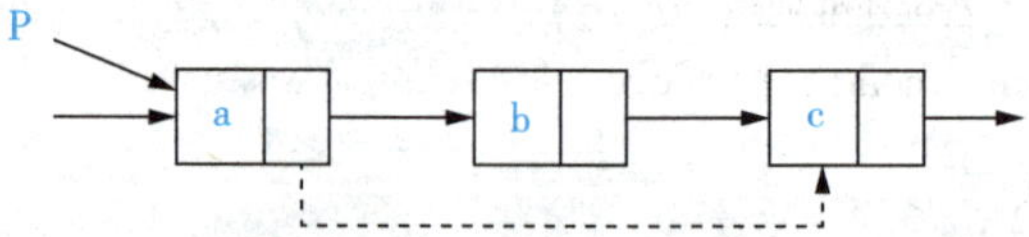

图 9-12　链表的删除操作

【例 9.10】编写函数，删除指定结点之后的结点。

参考程序如下：

```
void delete (struct student_type *  p )
{  struct student_type * s ;
s =p- >next ;
    p->next = p->next->next;
    free (s) ;
}
```

任务 2　共用体数据类型

任务描述

在某些应用场合中，需要一个变量在不同的时候具有不同类型的值，这些不同类型的值所占用的存储空间当然也可能是不同的。

任务分析

例如，设计一个统一的结构用来保存学生和教师的信息。无论是学生还是教师，都包括编号、姓名、性别和出生日期等信息，此外，对于学生还有班级编号的信息，而对于教师则有所属部门的信息。显然，班级编号和所属部门是不同类型的数据。要使这两种不同类型的数据能存放在同一个地方且占据同样大小的存储空间，只有利用共用体(也称为联合)来解决这个问题。

任务重点与实施

9.2.1　共用体类型的定义

共用体也是一种数据类型，与结构体类型相类似，共用体类型的定义及共用体变量的定义方法与结构体的相应定义是相同的，只要将结构体类型定义和结构体变量定义中的关键字 struct 改成关键字 union 即可。

定义共用体类型的一般形式为：

```
union  共用体类型名
{
    成员表列
};
```

在这里，与结构体类型定义时的成员表列相同，共用体类型成员表列也是由若干个成员组成，每个成员都是该共用体类型的一个组成部分。对每个成员也必须作类型说明，其一般形式为：

```
类型说明符 成员名;
```

同样，成员名的命名应符合标识符的命名规定。

例如：

```
union data
{
```

```
    int     i ;
    float   f ;
    char    ch ;
} a , b , c ;
```

也可以类型声明与变量定义分开：

```
union data
{
    inti ;
    floatf;
    charch;
} ;
union data   a , b , c ;
```

共用体与结构体有一些相似之处，但两者有本质上的不同。在结构体中各成员有各自的存储单元，一个结构体类型变量所占用存储单元的大小是各成员所占用存储单元大小之和。而在共用体中，各成员共享一段存储单元，一个共用体类型变量所占用存储单元的大小等于各成员中所占用存储单元最大的值，如图 9-13 所示，共用体变量 a 所占用存储单元的大小为 4 字节，因为其成员 f 所占用存储单元最大。

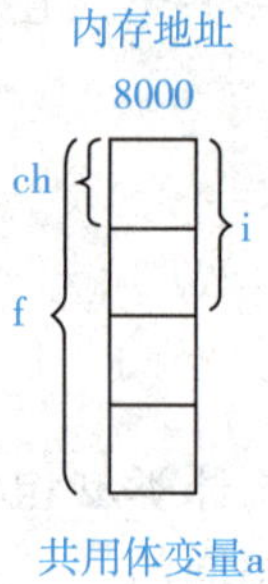

图 9-13　共用体变量

9.2.2　共用体变量的引用

引用共用体变量成员的一般形式是：

```
共用体变量名. 成员名
```

例如：

```
union data
{
    int     i;
    float   f;
    char    ch;
} a , b , c;
```

此时，a、b、c 为共用体变量。那么，下面的引用是正确的：

```
a. i      /*  引用共用体变量 a 中的整型成员 i */
```

```
a.f      /* 引用共用体变量a中的实型成员f*/
a.ch     /* 引用共用体变量a中的字符型成员ch*/
```

而不能引用共用体变量，例如：

```
printf("%d",a);
```

这是错误的。

在使用共用体类型数据时应注意以下几点。

(1)任一时刻共用体类型变量只有一个成员起作用。共用体类型变量中起作用的成员是最后一次存取的成员。

(2)共用体变量各成员的内存起始地址是相同的，共用体变量的内存起始地址和其各成员的地址是相同的。

(3)共用体变量赋值时需要注意以下问题。

① 不能对共用体变量名赋值。例如有共用体类型变量a，下面的语句是错误的：

```
a = 13;          /* 将一个整型常量赋值给共用体变量a */
a = 3.14;        /* 将一个实型常量赋值给共用体变量a */
a ='A';          /* 将一个字符型常量赋值给共用体变量a */
```

② 不能企图引用共用体变量来得到一个值。例如有共用体类型变量a、b，下面的语句是错误的：

```
b = a;
printf("%d",a);
```

③ 不能在定义共用体变量时进行初始化，例如下面的初始化是错误的。

```
union data  a = 100;
union data  a = {13,3.14,M};
```

(4)共用体成员数据类型可以是基本数据类型、数组、指针，也可以是结构体类型。

(5)共用体变量不能用作函数的参数；但是共用体变量的成员可以用作函数的参数。

(6)可以使用指向共用体变量的指针。

(7)可以定义共用体数组。

(8)共用体类型可以作为结构体成员的类型。

9.2.3 共用体的应用

【例9.11】设有一个教师与学生通用的表格，教师数据有姓名，年龄，职业，教研室4项。学生有姓名、年龄、职业和班级4项。

参考程序如下：

```
#include  <stdio.h>
#include  <string.h>
struct  datatype
```

```
{
char name[10] ;
int age ;
char job;
union {long int class ; char office[10] ;} depa;
} ;
int main( )
{
    struct datatype body[3];
    int i;
    for ( i  = 0 ; i<3;i++)
    {
        printf ("input name , age , job and department\n");
        scanf ("% s % d % c",body[i]. name,&body[i]. age,&body[i]. job);
        if ( body[i]. job = ='s' )
            scanf ("% ld" , &body[i]. depa. class);
        else
            scanf ("% s" , body[i]. depa. office ) ;
    }
    printf ( "name\tage job class/office\n");
    for ( i =0 ; i<3;i++)
    {
        if ( body[i]. job = ='s' )
            printf ( "% s\t% 3d % 3c% ld\n", body[i]. name,body[i]. age,
                body[i]. job,body[i]. depa. class);
        else
            printf ( "% s\t% 3d % 3c% s\n",body[i]. name,body[i]. age,
                body[i]. job , body[i]. depa. office ) ;
    }
return 0;
}
```

运行结果如图 9-14 所示。

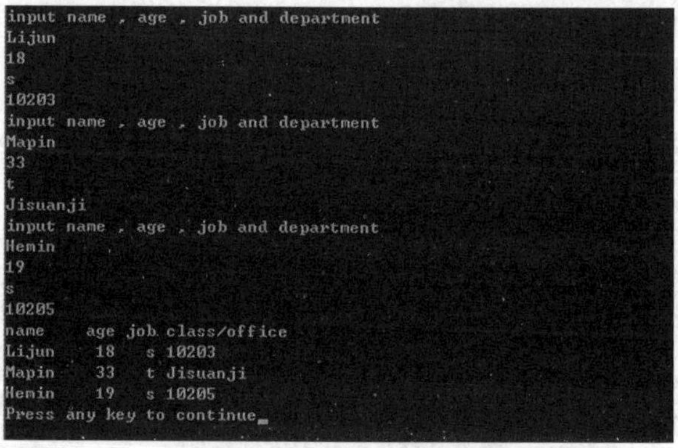

图 9-14　例 9.11 运行结果

任务3　枚举和自定义

任务描述

在C语言中，枚举(enumerations)和自定义类型(如结构体、联合体和枚举)是用来增强代码的可读性和维护性的重要工具。它们允许程序员以一种更加直观和灵活的方式处理数据。

任务分析

在实际问题中，有些变量的取值被限定在一个有限的范围内。例如，一个星期内只有七天，一年只有十二个月，一个班每周有六门课程等。如果把这些量说明为整型，字符型或其他类型显然是不妥当的。

任务重点与实施

9.3.1　枚举

为此，C语言提供了一种称为“枚举”的类型。在“枚举”类型的定义中列举出所有可能的取值，被说明为该“枚举”类型的变量，其取值不能超过定义的范围。应该说明的是，枚举类型是一种基本数据类型，而不是一种构造类型，因为它不能再分解为任何基本数据类型。枚举类型定义的一般形式为：

```
enum 枚举类型名{枚举值表};
```

在枚举值表中应一一列出所有可用值。这些值也称为枚举元素或枚举常量。枚举元素是用户定义的标识符。这些标识符并不自动地代表什么含义。例如，不因为写成sun，就自动代表“星期天”。用什么标识符代表什么含义，完全由程序员决定，并在程序中作相应的处理。

例如：

```
enum weekday{ sun , mon , tue , wed , thu , fri , sat };
```

该枚举类型名为weekday，枚举值共有7个，即一周中的七天。凡被说明为weekday类型的变量，其取值只能是7个枚举值中的某一个。

声明了枚举类型就可以定义枚举类型变量。枚举类型变量在定义时，可以先定义枚举类型，然后定义变量，例如：

```
enum   weekday   workday , weekend ;
```

也可以在声明枚举类型的同时定义枚举类型变量，例如：

```
enum   weekday { sum , mon , tue , wed , thu , fri , sat } workday , weekend ;
```

说明如下。

(1)在进行编译的时候，将枚举元素按常数处理，故称枚举常量。枚举元素不是变量，不能对枚举元素赋值。例如：

```
sun =0;
mon =1;
```

这是错误的。

此外，还应该说明的是枚举元素不是字符常量也不是字符串常量，使用时不能用单、双引号将其括起来。

(2)枚举元素作为常量，是有值的，在进行编译的时候，按枚举元素定义的顺序使其值分别为 0，1，2，…。在下面的说明中

```
enum   weekday { sum , mon , tue , wed , thu , fri , sat } workday , weekend ;
```

sun 的值为 0，mon 的值为 1，…，sat 的值为 6。如果有如下赋值语句：

```
workday =mon;
```

则 workday 变量的值为 1。这个整数是可以输出的。例如：

```
printf("% d",workday);
```

将输出整数 1。

也可以改变枚举元素的值，在定义时由程序员指定。例如：

```
enum weekday {sun =7,mon =1,tue,wed,thu,fri,sat} workday,weekend;
```

则定义枚举元素 sun 的值为 7，mon 的值 1，以后的枚举元素值按顺序依次加 1，枚举元素 sat 的值为 6。

(3)枚举值可进行关系运算。例如：

```
if (workday = =mon)   x  = 1 ;
if (workday>sun)   x  = 2 ;
```

枚举值的关系运算规则是：按其在说明时的顺序号比较。如果说明时没有人为指定枚举元素的取值，则第一个枚举元素的值认作 0。故关系表达式 mon<sun 的值为 0，而关系表达式 sat>fri 的值为 1。

(4)一个整数不能直接赋值给一个枚举类型变量。例如：

```
workday =2;
```

这是错误的。参与赋值运算的两个操作数 workday 和 2 属于不同的数据类型，应先进行强制类型转换才能赋值。例如：

```
workday =(enum weekday)2;
```

相当于将顺序号为 2 的枚举元素赋给枚举类型变量 workday，即相当于：

```
workday =tue;
```

甚至可以是表达式。例如：

```
workday =(enum   weekday)(5-3) ;
```

9.3.2　自定义类型

C 语言不仅提供了丰富的数据类型，而且还允许由用户自己定义类型说明符，也就是说允许由用户为数据类型取“别名”。类型定义符 typedef 即可用来完成此功能。例如，有整型变量 a，b，其定义形式如下：

```
int   a , b ;
```

其中 int 是整型变量的类型说明符。整数的完整写法为 integer，为了增加程序的可读性，可对整型说明符 int 用 typedef 重新命名，例如：

```
typedef   int   INTEGER ;
```

以后就可用 INTEGER 来代替 int 作整型变量的类型说明符了。

例如：

```
INTEGER   a , b ;
```

等效于：

```
int   a , b ;
```

typedef 定义的一般形式为：

```
typedef   原类型名   新类型名
```

其中原类型名为已存在的数据类型名，新类型名一般用大写表示，以便于区别。

用 typedef 进行类型定义，将对编程带来很大的方便，不仅使程序书写简单而且使意义更为明确，因而增强了程序的可读性。

(1)用 typedef 定义数组

例如：

```
typedef int NUM[50] ;          /*  声明 NUM 为长度为 50 的整型数组类型 */
NUM s1, s2;                    /*  定义 s1、s2 为整型数组变量 */
```

变量 s1，s2 的定义等效于：

```
int s1[50] , s2[50] ;
```

(2)用 typedef 定义指针

例如：

```
typedef   char   * STRING ;          /*  声明 STRING 为字符指针类型 */
STRING   p , st[6] ;            /*  定义 p 为字符指针变量,st 为字符指针数组 */
```

p，st 的定义等效于：

```
char * p, * st[6] ;
```

(3)用 typedef 定义结构体类型

例如：

```
typedef struct student
{
    long num ;
    char* name ;
    int age ;
    char sex ;
} STUDENT ;
```

定义 STUDENT 表示结构体类型 struct student，然后可用 STUDENT 来说明结构变量：

```
STUDENT stu1 , stu2;
```

等效于：

```
struct student stu1, stu2 ;
```

说明如下。

(1)用 typedef 可以声明各种类型名，但不能用来定义变量。

(2)用 typedef 只是对已经存在的类型增加一个别名，而没有创造出新的类型。例如：

```
typedef int COUNT ;
```

此处声明的整型类型 COUNT，只是对 int 型另给了一个新名字。

(3) typedef 与#define 有相似之处，例如：

```
typedef int COUNT ;
```

和

```
#define int COUNT
```

作用都是用 COUNT 代表 int，但它们是不同的。#define 是由预处理完成的，只能作简单的字符串替换，而 typedef 则是在编译时完成的，后者更为灵活方便。

总上所述，typedef 命令只是用新的类型名代替已有的类型名，并没有为用户建立新的数据类型。使用 typedef 进行类型定义可以增加程序的可读性，并且为程序移植提供方便。

知识拓展

环境监测系统中复杂数据类型的应用

环境监测系统旨在实时、准确地收集和分析环境数据，如温度、湿度、空气质量等。结构体、共用体和枚举作为 C 语言中重要的数据类型，在环境监测系统的开发中发挥着关键作用，能够高效地组织和管理数据，提升系统的可读性、可维护性和性能。

1. 传感器数据整合

在环境监测系统中，通常会使用多个不同类型的传感器来收集各种环境参数。结构体可以将这些传感器的数据整合在一起，形成一个有机的整体，方便数据的管理和处理。例如，一个典型的环境监测站可能会配备温度传感器、湿度传感器、气压传感器和空气质量传感器。可以定义一个结构体来存储这些传感器的数据。

2. 设备信息管理

除了传感器数据，环境监测系统还需要管理各个监测设备的信息，如设备编号、型号、生产厂家等。结构体同样可以用于组织这些设备信息。

3. 节省内存空间

在某些情况下，环境监测系统中的某些数据可能只需要在不同的时刻使用不同的类型。例如，一个传感器可能会根据不同的工作模式输出不同类型的数据，如模拟信号或数字信号。共用体可以用于存储这些不同类型的数据，从而节省内存空间。

在环境监测系统中，有多种不同类型的传感器，如温度传感器、湿度传感器等。枚举可以用于定义这些传感器的类型，使得代码更加清晰和易于理解。

项目小结

本项目主要介绍了结构体和共用体类型。首先介绍了结构体类型和变量的定义；其次介绍了共用体变量的引用和应用；最后介绍了枚举和自定义。通过本项目的学习，学生能够了解如何运用这些自定义数据类型来高效组织和管理复杂数据，清晰表达数据之间的逻辑关系，提高根据实际需求设计合理数据结构、编写结构化和模块化代码的能力。

项目习题

一、填空题

1. “结构体”是一种________，它是由若干__________组成的。每一个__________可以是一个________________或者又是一个______________。

2. 结构体类型是一种____________________，是________________、类型不同的__________的集合。

3. 用户自己定义的__________，与系统定义的标准类型____________________一样，可用来定义______________的类型。

4. 赋值、__________、输出、__________等操作都是通过__________的成员来实现的。

5. 常用的动态数据结构有____________、____________和图等。

6. 枚举类型是一种 ________________，而不是一种 ______________，因为它不能再分解为任何基本数据类型。枚举类型定义的一般形式为：____________________。

二、简答题

1. 简述定义结构体变量的 3 种方法。
2. 在使用共用体类型数据时应注意哪些方面？
3. 简述枚举的定义。

项目10　文件的处理

项目导读

文件是程序设计中的一个重要概念，它是指存储在外部介质(如磁盘)上数据的集合。操作系统就是以文件为单位进行数据管理的。在前文内容中，都只能在程序运行时显示执行的结果，无法将执行的结果保存起来以供查看。在实际应用中，能够永久存储信息是非常重要的。通过文件，可以进行大批量的数据操作和数据存储。例如，如何用动态数据结构建立一个学生成绩管理系统，对于输入的学生信息，怎样以文件的形式保存下来呢？本项目将介绍文件的概念，以及使用C语言对文件进行操作的方法。

学习目标

- 了解文件的类型及特点。
- 掌握文件的打开、关闭、读写和定位方法。
- 掌握文件读写出错的检测方法。

思政目标

- 在编程实践中，强调精益求精的态度，鼓励学生编写简洁、高效的代码。
- 引导学生了解并实践开源精神，强化学生的规则意识和法律意识，促进知识的共享和传播。

任务1　文件的基本知识

任务描述

文件是指一组相关数据的有序集合，这个数据集的名称就是文件名。文件一般是存储在外部介质(如磁盘)上的，在使用时才调入内存。操作系统是以文件为单位对数据进行管理的，也就是说，如果想找存放在外部介质上的数据，必须先按文件名找到所指定的文件，然后再从该文件中读取数据。要向外部介质上存储数据也必须先建立一个文件(以文件名为标识)，才能向它输出数据。

任务分析

文件标识常被称为文件名，完整的文件名实际上包括文件路径、文件名主干和文件后缀3部分内容。其中，文件名主干的命名规则遵循标识符的命名规则。后缀用来表示文件的性质，一般不超过3个字母。

任务重点与实施

10.1.1 文件

前文已经多次使用过文件，例如，C 语言源程序文件(.c)、目标文件(.obj)、可执行文件(.exe)、头文件(.h)、文本文件(.txt)、图形文件(.bmp)等都属于文件。

1. 文件分类

(1)从用户的角度看，文件可分为普通文件和设备文件两种。

普通文件是指驻留在磁盘或其他外部介质上的一个有序数据集，可以是源文件、目标文件、可执行文件；也可以是一组待输入处理的数据，或是一组输出的结果，如一批学生的成绩数据、货物交易的数据等。

根据文件的内容，文件可分为程序文件和数据文件。源文件、目标文件、可执行文件可称为程序文件，输入输出的数据可称为数据文件。本项目主要讨论的是数据文件。

设备文件是指与计算机主机相关联的各种外部设备，如显示器、打印机、键盘等。为简化用户对输入输出设备的操作，操作系统把各种外部设备都统一作为文件来处理，把它们的输入、输出等同于对磁盘文件的读和写。

通常把显示器定义为标准输出文件，一般情况下，在屏幕上显示有关信息就是向标准输出文件输出，如 printf、putchar 函数就属于此类输出操作；键盘通常被定义为标准输入文件，从键盘上输入信息就相当于从标准输入文件输入数据，如 scanf、getchar 函数就用来实现此类输入操作。

(2)根据数据的组织形式或编码方式，数据文件可分为 ASCII 码文件和二进制文件。

ASCII 文件也称为文本文件，在文本文件中，一个字节存放一个 ASCII 代码，代表一个字符。ASCII 码文件按字符显示，因此能读懂文件内容，便于检查或编辑，例如，C 程序的源代码是存储在文本文件中的。但此种形式占用空间较大，读写操作要进行转换。例如，数字32767 的存储形式为'3'、'2'、'7'、'6'、'7'，占用5个字节，如图 10-1 所示。

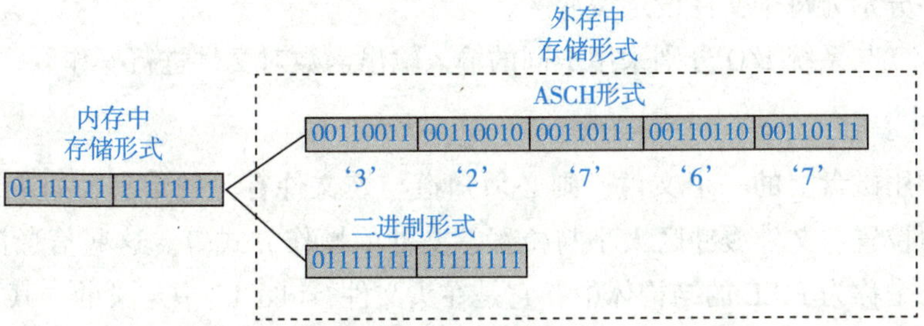

图 10-1　数据文件的存储形式

二进制文件按照二进制码的编码方式来存放文件。例如，数字 32767 的存储形式为 0111111111111111，只占两个字节，如图 10-1 所示。它节省了空间与转换时间，读写效率高，但不能直接输出字符。因此，作为中间数据暂时保存在磁盘上，之后又要输入到内存的数据，常用二进制文件保存。

C 语言在系统在处理这些文件时，并不区分文件类型，而是将数据看作是字节流，不考虑记录的界限。即 C 文件输入/输出数据流的开始和结束仅受程序控制而不受物理符号(如回车换行符)控制，在输出时不会自动增加回车换行符以作为记录结束的标志，输入时也不以回车换行符作为记录的间隔(C 文件不由记录构成)。因此，也把这种文件称为流式文件。C 语言允许对文件存取一个字符，增加了处理的灵活性。

2. 文件系统

在 C 语言中，根据操作系统对文件的处理方式不同，文件系统分为“缓冲文件系统”和“非缓冲文件系统”。ANSI C 规定采用缓冲文件系统。

缓冲文件系统(又称标准 I/O)是指操作系统自动在内存中为每个正在使用的文件开辟一个文件缓冲区。从计算机内存向磁盘输出数据必须先送到缓冲区，待缓冲区装满后才一起送到磁盘。类似的，如果从磁盘读入数据到计算机内存，则一次从磁盘文件将一批数据输入到内存缓冲区，然后再从缓冲区逐个地将数据送到程序数据区，赋给程序变量，如图 10-2 所示。缓冲区的大小由各个具体的 C 编译系统确定。缓冲文件系统解决了高速 CPU 与低速磁盘之间的数据读写问题，既提高了外存的使用寿命，也提高了整个系统的效率。

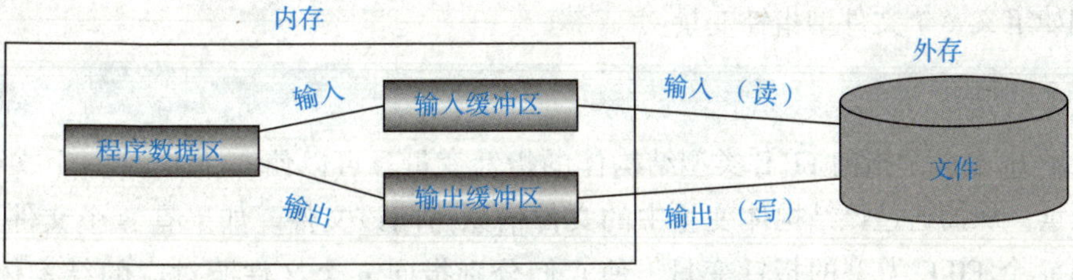

图 10-2　“缓冲文件系统”示意图

非缓冲文件系统(又称系统 I/O)是指系统不自动开辟确定大小的内存缓冲区，而由各个程序分别为每个文件设定缓冲区。

标准 I/O 与系统 I/O 分别采用不同的输入输出函数对文件进行操作。

3. 文件指针

若要调用磁盘上的一个文件，则必须知道与该文件有关的信息，如文件名、文件的当前读写位置、文件缓冲区大小与位置、文件的操作方式等。这些信息被 C 语言系统保存在一个称为 FILE 的结构体中，它是在头文件“stdio. h”中定义的，其文件类型声明为：

```
typedef struct
{
int level;                  /*  缓冲区“满”或“空”的程度 */
unsigned flags;             /*  文件状态标志 */
char fd;                        /*  文件描述符 */
unsigned char hold;         /*  如无缓冲区,则不读取字符 */
int bsize;                  /*  缓冲区大小 */
unsigned char * buffer;         /*  数据缓冲区位置 */
unsigned char * curp;          /*  文件定位指针 */
unsigned istemp;               /*  临时文件指示器 */
short token;                /* 用于有效性检查 */
} FILE;
```

有了结构体 FILE 类型之后，可以用它来定义若干个 FILE 类型的变量，以便存放若干个文件的信息。例如：

```
FILE f[4];
```

定义了一个结构体数组 f，它有 4 个元素，可以用来存放 4 个文件的信息。对于每一个要操作的文件，都必须定义一个指针变量，并使它指向该文件的结构体变量，从而通过该结构体变量中的文件信息访问该文件。这个指针称为文件指针。通过文件指针，可找到被操作文件的描述信息，就可以对该文件指针所指向的文件进行各种操作。声明文件指针的一般形式为：

```
FILE *  指针变量标识符；
```

例如定义一个文件型指针变量：

```
FILE *  fp ;
```

表示 fp 是一个指向 FILE 类型结构体的指针变量。可以使 fp 指向某一个文件的结构体变量，从而通过该结构体变量中的文件信息访问该文件。如果有 n 个文件，则一般声明 n 个 FILE 类型的指针变量，使它们分别指向 n 个文件所对应的结构体变量。例如：

```
FILE *  fp1, *  fp2,*  fp3,*  fp4 ;
```

10.1.2 文件的基本操作

文件的基本操作包括文件的打开和关闭。操作文件的一般步骤为：打开文件→操作文件→关闭文件。

打开文件是指建立用户程序与文件的联系，为文件开辟文件缓冲区，使文件指针指向该文件，以便进行其他操作。关闭文件是指切断文件与用户程序的联系，将文件缓冲区的内容写入磁盘，并释放文件缓冲区，禁止再对该文件进行操作。

1. 打开文件

文件在进行读写操作之前要先打开，使用完毕要关闭。所谓打开文件，实际上是建立文件的各种有关信息，并使文件指针指向该文件，以便进行其他操作。ANSI C 规定了用标准 I/O 函数 fopen 函数来实现文件的打开。fopen 函数的调用方式一般为：

```
FILE   *  文件指针名；
文件指针名 =fopen(文件名，使用文件方式);
```

其中说明如下。

(1)“文件指针名”必须是被说明为 FILE 类型的指针变量。

(2)“文件名”是被打开文件的文件名。必须是一个字符串常量组成的有效文件名，可能包含关于文件位置的信息，例如驱动器号或路径。

(3)“使用文件方式”是说明文件打开方式的字符串，以指定文件的类型和操作要求。

(4)函数返回值是文件首地址，显然文件指针指向了文件的首地址。

例如：

```
FILE * fp； //定义一个指向文件的指针变量 fp
fp = fopen ("a1","r");      /* 将 fopen 函数的返回值赋给指针变量 fp*/
```

它表示要打开名字为 a1 的文件，使用文件方式为“读入”，fopen 函数带回指向 a1 文件的指针并赋给 fp，这样 fp 就与 a1 相联系了，或者说 fp 指向 a1 文件。可以看出，在打开一个文件时，通知编译系统以下 3 个信息：①需要打开文件的名字，也就是准备访问的文件的名字；②使用文件的方式(“读”还是“写”等)；③让哪一个指针变量指向被打开的文件。

使用文件的方式不仅依赖于稍后将要对文件采取的操作内容，还取决于文件上的数据是文本形式还是二进制形式。为了打开一个文本文件，可以采用表 10-1 中的一种文件打开方式的字符串。

表 10-1 文本文件使用方式字符串表

字符串	含义
"r"	打开文件用于读

（续表）

字符串	含义
"w"	打开文件用于写(文件不需要存在)
"a"	打开文件用于追加(文件不需要存在)
"r+"	打开文件用于读和写，从文件头开始
"w+"	打开文件用于读和写(如果文件存在就截去)
"a+"	打开文件用于读和写(如果文件存在就追加)

当使用 fopen 打开二进制文件时，需要在文件打开方式字符串中包含字母 b。表 10-2 列出了用于二进制文件的文件打开方式的字符串。

表 10-2　二进制文件的使用方式字符串表

字符串	含义
"rb"	打开文件用于读
"wb"	打开文件用于写(文件不需要存在)
"ab"	打开文件用于追加(文件不需要存在)
"r+b"或者"rb+"	打开文件用于读和写，从文件头开始
"w+b"或者"wb+"	打开文件用于读和写(如果文件存在就截去)
"a+b"或者"ab+"	打开文件用于读和写(如果文件存在就追加)

从表 10-1 和表 10-2 可以看出"stdio. h"对写数据和追加数据进行了区分。当给文件写数据时，通常会对先前的内容覆盖写。然而，当为追加打开文件时，试图给文件写数据实际是在文件末尾进行添加，因而会留存文件的原始内容。

当文件不存在或无法打开文件时，fopen 函数会返回空指针 NULL，表示文件不存在，或者文件在错误的地方，再或者是未获得打开文件的许可。常用以下方法打开一个文件：

```
if((fp =fopen("file1. txt" , "r")) = =NULL)
{
    printf("file open error! \n");
    exit(0);
}
```

此处 exit( ) 函数的调用方式一般为：

```
void exit([程序状态值]);
```

它在"stdlib. h"中声明，其功能是关闭已打开的所有文件，终止程序运行，返回操作系统，并将程序状态值返回给操作系统。通常当程序状态值为 0 时，表示程序正常退出；非 0 值时，表示程序出错退出。

2. 关闭文件

文件使用完之后，一定要关闭文件，否则数据可能丢失。在关闭文件之前，先将缓冲区的数据输出到磁盘文件中，再释放文件指针变量。关闭文件后，文件指针变量不再指向该文件，即此后不能再通过该指针对其相连的文件进行读写操作。除非再次打开，使该指针变量重新指向该文件。用 fclose 函数关闭文件，其一般形式为：

```
fclose (文件指针);
```

例如：

```
fclose(fp);
```

前面曾用 fopen 函数打开文件时所带回的指针赋给了 fp，现通过 fp 将该文件关闭，即 fp 不再指向该文件。

如果成功关闭了文件，那么 fclose 函数会返回 0；否则，它将会返回错误代码 EOF（在“stdio. h”中定义的宏）。

【例 10. 1】以“只写”方式打开一个 D 盘根目录下的文件 file_ 1. txt，若成功输出“file open OK!”，则关闭该文件；否则输出“file open error!”，终止程序。

参考程序如下：

```
#include <stdio. h>
#include <stdlib. h>
int main()
{
    FILE * fp;
    fp =fopen("d:\\file_1. txt", "w");
    if(fp = =NULL)
    {
      printf("file open error! \n");
      exit (0);       /* 终止程序*/
    }
    else
    {
        printf("file open OK! \n");
        fclose(fp);
    }
    return 0;
}
```

任务 2 文件的操作函数

任务描述

文件操作函数在协同程序模块运作上功不可没。不同模块可能负责不同的功能，有的生成数据，有的处理数据，而文件操作函数就像连接这些模块的纽带。一个模块通过文件写入函数将数据存入文件，另一个模块再用文件读取函数获取数据继续处理，如此循环往复，让整个程序系统像一台精密的机器高效运转，满足复杂业务场景下的多样化需求。

任务分析

在 C 语言中，文件操作都是由库函数来完成的。本任务将介绍读写、定位和出错等主要的文件操作函数。

任务重点与实施

10.2.1 文件的读写

文件打开之后，就可以对它进行读写了。通常 C 语言的文件读写函数是成对出现的，即有读就有写。在 C 语言中提供了多种文件读写的函数，主要内容如下。

(1)字符读写函数：fgetc 函数和 fputc 函数。

(2)字符串读写函数：fgets 函数和 fputs 函数。

(3)数据块读写函数：freed 函数和 fwrite 函数。

(4)格式化读写函数：fscanf 函数和 fprinf 函数。

下面分别予以介绍。使用以上函数都要求包含头文件“stdio. h”。

1. 文件的字符读写

字符读写函数是以字符(字节)为单位的读写函数。每次可从文件读出或向文件写入一个字符。

(1)读字符函数 fgetc( )

函数调用的形式为：

```
字符变量 = fgetc(文件指针);
```

函数的功能是从“文件指针”所指向的文件中，读入一个字符，同时将读写位置指针向前移动 1 个字节(即指向下一个字符)。该函数无出错返回值。例如：

```
ch = fgetc(fp);
```

语句作用是从文件指针 fp 所指的文件中读一个字符送入字符变量 ch 中，同时将 fp 的读写位置指针向前移动到下一个字符。

对于 fgetc 函数的使用有以下几点说明。

① 在 fgetc 函数调用中，读取的文件必须是以读或读写方式打开的。

② 读取字符的结果也可以不向字符变量赋值，例如：

```
fgetc(fp);
```

此时，读出的字符不能保存。

在文件内部有一个位置指针。用来指向文件的当前读写字节。在文件打开时，该指针总是指向文件的第一个字节。使用 fgetc( )函数后，该位置指针将向后移动一个字节。因此可连续多次使用 fgetc( )函数，读取多个字符。应注意文件指针和文件内部的位置指针不是一回事。文件指针是指向整个文件的，须在程序中定义说明，只要不重新赋值，文件指针的值是不变的。文件内部的位置指针用以指示文件内部的当前读写位置，每读写一次，该指针均向后移动，它不需在程序中定义说明，而是由系统自动设置的。

(2)写字符函数 fputc( )

函数调用的形式为：

```
fputc(字符数据,文件指针);
```

其中，字符数据既可以是字符常量，也可以是字符变量。

函数的功能是将字符数据输出到“文件指针”所指向的文件中去，同时将读写位置指针向前移动 1 个字节(即指向下一个写入位置)。如果输出成功，则函数返回值就是输出的字符数据；否则，返回一个符号常量 EOF(其值在头文件“stdio. h”中，被定义为-1)。例如：

```
fputc ('a' , fp );
```

语句作用是把字符'a'写入 fp 所指向的文件中。

对于 fputc( )函数的使用也要说明几点。

① 被写入的文件可以用写、读写、追加方式打开，用写或读写方式打开一个已存在的文件时将清除原有的文件内容，写入字符从文件首开始。如需保留原有文件内容，希望写入的字符以文件末开始存放，必须以追加方式打开文件。被写入的文件若不存在，则创建该文件。

② 每写入一个字符，文件内部位置指针向后移动一个字节。

【例 10. 2】显示例 10. 1 中文件 file_1. txt 的内容。

参考程序如下：

```
#include <stdio. h>
#include <stdlib. h>
int main()
{
    FILE * fp;
    char file_name[20],ch;
    printf("Enter filename:");
    scanf("% s",file_name); /* 输入文件名*/
    if((fp =fopen("d:\\file_1. txt", "r")) = =NULL)     /* 打开文件*/
    {
      printf("file open error! \n");   /* 出错处理*/
      exit (0);
    }
    while((ch =fgetc(fp))!=EOF)    /* 从文件中读字符*/
    {
      putchar(ch);       /* 输出字符到屏幕*/
    }
    fclose(fp);          /* 关闭文件*/
    return 0;
}
```

运行结果如图 10-3 所示。

图 10-3　例 10. 2 运行结果

假设文件“file_1. txt”中的内容是“C Programme”，以上程序执行时，屏幕等待输入路径及文件名，输入“d:\file_1. txt”，如果文件正常打开，则 while 语句将依次从“file_1. txt”中读入字符到内存，并调用 putchar 函数在屏幕上输出“C Programme”。

【例 10. 3】以追加方式打开例 10. 1 中文件 file_1. txt 的内容，并添加新的内容“Transcript”。

参考程序如下：

```
#include <stdio. h>
#include <stdlib. h>
int main()
{
    FILE * fp;
    char file_name[20],ch;
    printf("Enter filename:");
    scanf("% s",file_name); /* 输入文件名*/
    if((fp =fopen("d:\\file_1. txt", "a")) = =NULL)    /* 以追加方式打开文件*/
```

```
    {
      printf("file open error!  \n");        /* 出错处理*/
      exit (0);
    }
    getchar();      /* 接收前面 scanf 语句的回车符*/
    while((ch =getchar())!='\n')   /* 从键盘读字符*/
{
        fputc(ch,fp);      /* 将键盘读入的字符写到文件中*/
    }
    fclose(fp);
    if((fp =fopen(file_name,"r")) = =NULL)/*  打开文件*/
{
        printf("file open error!  \n");        /* 出错处理*/
        exit(0);
    }
    while ((ch =fgetc(fp))!=EOF)             /* 从文件中读字符*/
    {
        putchar(ch);      /* 输出字符到屏幕*/
    }
    fclose(fp);      /* 关闭文件*/
    return 0;
}
```

运行结果如图 10-4 所示。

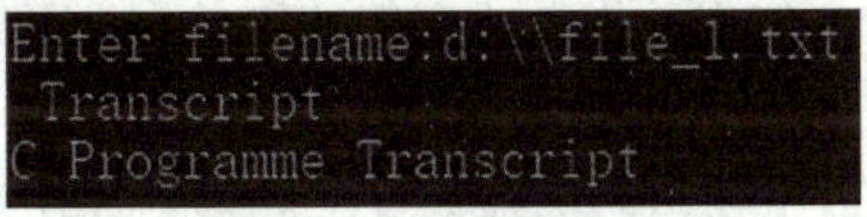

图 10-4　例 10.3 运行结果

假设文件“file_1. txt”中的内容是“C Programme”，以上程序执行时，屏幕等待输入路径及文件名，输入“d：\file_1. txt”，如果文件正常打开，通过键盘输入“Transcript”，屏幕上将输出“C Programme Transcript”。

对于二进制文件，如果想顺序读入一个二进制文件中的数据，可以用以下形式：

```
while(! feof(fp))
{
c =fgetc(fp);
…
}
```

当未遇到文件结束时，feof(fp)的值为 0，即！feof(fp)的值为 1，用 fgetc 函数读入一个字节的数据并赋值给整型变量 c，接着进行其他处理。直至遇到文件结束，feof(fp)的值为 1，即！feof(fp)的值为 0，不再执行 while 循环。

2. 文件的字符串读写

(1)读字符串函数 fgets( )

函数的调用形式为：

```
fgets (str, n, fp);
```

其中，参数 str 一般是作为缓冲区使用的字符型数组名，即为读取到的字符串的内存地址；参数 n 为读取字符的个数；参数 fp 为要读取文件的指针。

函数的功能是从指定文件读入一个字符串，该文件必须是以读或读写方式打开的。操作成功时，返回 str 的值；若发生错误或到达文件尾时，则返回一个空指针 NULL。

说明如下。

① 该函数从 fp 指定的文件中读取一个字符串。当达到下列条件之一时，读取结束：已经读取了 n-1 个字符；当前读取到的字符为回车符；已读取到文件末尾。

② 使用该函数时，从文件读取的字符个数不会超过 n-1 个，这是由于在字符串尾部还需自动追加一个'\0'字符，这样读取到的字符串在内存缓冲区正好占有 n 个字节。

③ 如果从文件中读取到回车符时，也作为一个字符送入由 str 所指的内存缓冲区，然后再向缓冲区送入一个'\0'字符。

(2)写字符串函数 fputs( )

函数的调用形式为：

```
fputs(str, fp);
```

其中，str 可以是指向字符串的指针或字符数组名，也可以是字符串常量；fp 为指向写入文件的指针。

函数功能是把一个字符串输出到磁盘文件上。如果操作成功，返回值为所输出的字符串中最后一个字符的 ASCII 值；否则，返回值为 EOF。

说明如下。

① 该函数的功能是将由 str 指定的字符串写入 fp 所指向的文件中。

② 与 fgets( )函数在输入字符串时末尾自动追加'\0'字符的特性相对应，fputs( )函数在将字符串写入文件时，其末尾的'\0'字符自动舍去。

【例 10.4】将例 10.1 文件 file_1. txt 中的文本内容复制到另一个文件 file_2. txt 中。

参考程序如下：

```
#include <stdio. h>
#include <stdlib. h>
int main()
{
    FILE * fp1,* fp2;
    char file1[20],file2[20],s[10];
    printf("Enter file name1:");
    scanf("% s",file1);   /* 输入文件名*/
    printf("Enter file name2:");
```

```
        scanf("% s",file2);
        if((fp1 =fopen(file1, "r")) = =NULL)      /* 只读方式打开 file1*/
        {
          printf("file1 open error! \n");  /* 出错处理*/
          exit (0);
        }
        if((fp2 =fopen(file2, "w")) = =NULL)      /* 只读方式打开 file2*/
        {
          printf("file2 open error! \n");  /* 出错处理*/
          exit (0);
        }
        while (fgets(s,10,fp1)! =NULL)             /* 从 fp1 中读出字符串*/
        {
            fputs(s,fp2);                           /* 将字符串写入文件 fp2 中*/
        }
        fclose(fp1);         /* 关闭文件*/
        fclose(fp2);
        return 0;
    }
```

运行结果如图 10-5 所示。

图 10-5　例 10.4 运行结果

3. 文件的数据块读写

(1) fread 函数

函数的调用形式为：

```
fread (buf, size, count , fp);
```

其中，buf 为读入数据在内存中存放的起始地址；size 为每次要读取的字符数；count 为要读取的次数；fp 为文件类型指针。

函数功能是从指定文件中读取一个指定字节的数据块。从 fp 所指向文件的当前位置开始，一次读入 size 个字节，重复 count 次，并将读入的数据存放到从 buf 开始的内存中；同时，将读写位置指针向前移动 size * count 个字节。函数操作成功时，返回实际读取的字段个数 count(不是字节数)；到达文件尾或出现错误时，返回值小于 count。

例如：

```
fread (farry, 4, 5, fp);
```

其中，farry 为一个实型数组名，一个实型量占 4 个字节。该函数从 fp 所指的数据文件中读取 5 次 4 字节的实型数据，存储到数组 farry 中。

(2) fwrite 函数

函数的调用形式为：

```
fwrite (buf, size, count, fp);
```

其中，buf 为输出数据在内存中存放的首地址；size 为每次要输出到文件中的字节数；count 为要输出的次数；fp 为文件类型指针。

函数功能是从 buf 开始，一次输出 size 个字节，重复 count 次，并将输出的数据存放到 fp 所指向的文件中；同时，将读写位置指针向前移动 size * count 个字节。函数操作成功时，返回实际所写的字段个数 count(不是字节数)；返回值小于 count，说明发生了错误。

例如：

```
fwrite (iarry, 2, 10, fp);
```

其中，iarry 为一个整型数组名，一个整型量占两个字节。该函数将整型数组中 10 个两字节的整型数据写入由 fp 所指的磁盘文件中。

【例 10.5】从键盘输入两名学生的信息(学号、姓名、年龄、专业名)，将其存入 D 盘根目录下的文件 student_info. txt；再从该文件中读出数据，显示在屏幕上。

参考程序如下：

```
#include <stdio. h>
#include <stdlib. h>
#define SIZE 2
struct student      /* 定义结构体:学号、姓名、年龄、专业名*/
{
char num[10];
char name[10];
int age;
char major[20];
} stu[SIZE],out;
void fsave()
{
FILE * fp;
int i;
if((fp =fopen("d:\\student. txt","wb")) = =NULL)     /* 二进制写方式*/
{
printf("cannot open file. \n");
exit(1);
}
for(i =0;i <SIZE;i++)   /* 将结构体以数据块形式写入文件*/
{
```

```
if(fwrite(&stu[i],sizeof(struct student),1,fp)!=1)
{
printf("file write error. \n"); /* 写过程中的出错处理*/
}
}
fclose(fp);
}
int main()
{
FILE * fp;
int i;
for(i =0;i <SIZE;i ++)     /* 从键盘读入学生信息*/
{
printf("input student % d:",i+1);
scanf("% s% s% d% s",&stu[i]. num,stu[i]. name,&stu[i]. age,stu[i]. major);
}
fsave();          /* 调用函数保存学生信息*/
fp =fopen("d:\\student. txt","rb");   /* 以二进制读方式打开数据文件*/
printf("NO. \t NAME \t AGE \t MAJOR \n");
while(fread(&out,sizeof(out),1,fp))     /* 以读数据块方式读入信息*/
{
printf("% -8s% -10s% -6d% -10s \n",out. num,out. name,out. age,out. major);
}
fclose(fp);          /* 关闭文件*/
return 0;
}
```

运行结果如图 10-6 所示。

图 10-6　例 10.5 运行结果

4. 文件的格式化输入输出函数 fscanf( )和 fprintf( )

fprintf 函数、fscanf 函数与 printf 函数、scanf 函数的作用相仿，都是格式化读写函数。只有一点不同：fprintf 和 fscanf 函数的读写对象不是终端而是磁盘文件。这种函数的一般调用方式为：

```
fprintf (文件指针,格式控制字符串，输出项表列);
fscanf (文件指针,格式控制字符串，输入项表列);
```

fprintf 函数操作成功，返回实际被写的字符个数；出现错误时，返回一个负数。fscanf 函数操作成功，返回实际被赋值的参数个数；若返回 EOF，则表示试图去读取超过文件末尾的部分。

例如：

```
fprintf (fp , " %2d , %6. 2f " , i , t );
```

语句作用是将整型变量 i 和实型变量 t 的值按%d 和%6.2f 的格式输出到 fp 所指的文件中。如果 i=9，t=5.7，则输出到磁盘文件中的是以下的字符串(□表示 1 个空格)：

```
□9,□□5. 70
```

同样，用以下 fscanf 函数可以从磁盘文件上读取 ASCII 码字符：

```
fscanf( fp , " %d , %f " , &i , &t );
```

磁盘文件中如果有以下字符：

```
9 , 5.7
```

则将磁盘文件中的数据 9 送给变量 i，5.7 送给变量 t。

用 fprintf 和 fscanf 函数对磁盘文件读写，使用方便，容易理解，但由于在输入时要将 ASCII 码转换为二进制形式，在输出时又要将二进制形式转换成字符，化费时间比较多。因此，在内存与磁盘频繁交换数据的情况下，最好不用 fprintf 和 fscanf 函数，而用 fread 和 fwrite 函数。

10.2.2 文件的定位

虽然对许多应用来说顺序访问是很好的，但是某些程序需要具有在文件中跳跃的能力，即可以在这里访问一些数据又可以到那里访问其他数据。例如，如果文件包含一系列记录，可能希望直接跳到特殊的记录处，并对其进行读入或更新。"stdio. h"通过提供定位函数来支持这种形式的访问，这些函数允许程序确定当前的文件位置或者允许改变文件的位置。

1. fseek 函数

函数的调用形式为：

```
fseek (fp, offset, from);
```

其中，fp 为指向当前文件的指针；offset 为文件位置指针的位移量，指以起始位置为基准值向前移动的字节数，并要求 offset 为 long 型数据；from 为指针的起始位置，其值必须是 0、1、2 之一，它们分别表示在 stdio. h 中定义的 3 个符号常量，如表 10-3 所示。

表 10-3 fseek 函数的起始位置

起始位置	符号常量	数值
文件起始处	SEEK _ SET	0
文件当前位置	SEEK _ COR	1
文件末尾处	SEEK _ END	2

函数的功能是将文件位置指针移到由起始位置开始、位移量为 offset 的字节处。通常情况下，fseek 函数返回零。如果产生错误(例如：要求的位置不存在)，那么 fseek 函数就会返回非零值。offset 为负数时，表示向文件头方向移动(也称后移)；offset 为正数时，表示向文件尾方向移动(也称前移)。

fseek 函数调用案例如下：

```
fseek (fp , 20L , 0);/*  将文件位置指针从文件头向文件尾移动 20 个字节 */
fseek (fp , -30L, 1); /*  将文件位置指针从当前位置向文件头移动 30 个字节 */
fseek (fp, -10L , SEEK_END); /*  将文件位置指针从文件尾向文件头移动 10 个字节*/
```

2. ftell 函数

函数的调用形式为：

```
ftell (fp);
```

函数功能是以长整型返回当前文件位置。用相对于文件开头的位移量来表示。由于文件中的位置指针经常移动，往往不容易辨清其当前位置。用 ftell 函数可以得到当前位置。函数返回值为长整型，如果发生错误，ftell 函数会返回-1L(EOF)。ftell 可能会存储返回的值并且稍后将其提供给 fseek 函数的调用，这也使返回前一个文件位置成为可能。

```
long int file_pos;
file_pos =ftell(fp);
fseek (fp, file_pos, SEEK_SET);
```

3. rewind 函数

函数的调用形式为：

```
rewind (fp);
```

函数功能是将文件指针 fp 所指向的文件内部的位置指针移动至文件的开始处，调用 rewind (fp)函数几乎等价于 fseek(fp，0L，SEEK_SET)，两者的差异是 rewind 函数不返回值，但是会为 fp 清除掉错误指示器。

【例 10.6】对例 10.2 中的 file_1. txt 文件进行定位操作，再以数据块方式进行读操作并显示结果。

参考程序如下。

```
#include <stdio. h>
#include <stdlib. h>
int main()
{
     FILE *  fp;
     char file_name[20],ch,data[10] ="123";
     printf("Enter filename:");
     scanf("% s",file_name);                                    /*  输入文件名*/
```

```
    if((fp =fopen(file_name, "r")) = =NULL)   /* 打开文件*/
    {
      printf("file open error! \n");                    /* 出错处理*/
      exit (0);
    }
    fseek(fp,2L* sizeof(char),0);   /* 将位置指针从文件开头偏移2个字节*/
    fread(data,sizeof(char),9,fp);  /* 以块的形式读9个字节到数组 data 中*/
    printf("% s\n",data);
    fclose(fp);                     /* 关闭文件*/
    return 0;
}
```

运行结果如图 10-7 所示。

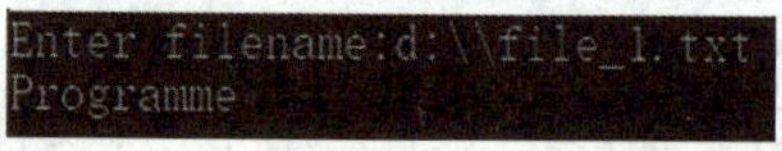

图 10-7　例 10.6 运行结果

10.2.3　文件的出错检测与处理

在磁盘的输入、输出操作中，可能会出现各种各样的错误。例如，磁盘介质的缺陷或磁盘驱动器未准备就绪或引用文件的路径不正确都会造成文件读写的错误。为了避免出错，C 语言提供了几个用于检查、处理文件读写错误的函数。

1. ferror 函数

函数的调用形式为：

```
ferror (fp);
```

函数功能是测试文件操作是否有错误，若返回零值表示正确，否则表示出错。

说明：调用 fopen 函数时，ferror 的函数初值自动置为 0。

对同一个文件，每次调用 ferror 函数都会产生一个新的 ferror 函数值与之对应，因此对文件每执行一次读、写操作以后，应及时检查 ferror 的函数值是否正确，以避免数据丢失。例如：

```
if (ferror(fp))
{
printf (" File can't I/O! \n ");
     fclose (fp);
     exit (0);
}
```

2. clearerr 函数

函数的调用形式为：

```
clearerr (fp);
```

函数功能是使由指针 fp 指向的文件出错标志连同文件结束标志一起复位成 0。

说明：若对文件读写时出现了错误，ferror 函数就返回一个非零值，而且该值一直保留到对文件执行下一次读、写为止。若及时调用本函数就能清除出错标志，使 ferror 函数的函数值复位为 0。

3. exit 函数

当文件操作出现错误时，为了避免数据丢失，正常返回操作系统，可以调用本函数关闭文件，终止程序的执行。

函数的调用形式为：

```
exit (status);
```

函数功能是清除并关闭所有已打开的文件，写出文件缓冲区的所有数据，程序按正常情况由 main 函数结束并返回操作系统。

说明：参数 status 为状态值，它被传递到调用函数。按照惯例，若 status 取 0，表示程序正常终止，否则表示有错误而终止。

4. feof 函数

函数的调用形式为：

```
feof(fp);
```

函数功能是在执行读文件操作时，如果遇到文件尾，则函数返回 1；否则返回 0。

知识拓展

图书管理系统的文件操作应用

在 C 语言开发的图书管理系统里，文件操作是系统核心功能得以实现的关键支撑，它确保了图书数据的持久化存储与高效管理，使得系统在运行过程中能够准确、稳定地处理各类图书信息。下面主要介绍文件操作在图书管理系统中的具体应用。

1. 文件的创建与打开

在系统启动或需要存储新的图书数据时，首先要创建用于保存图书信息的文件。C 语言提供 fopen 函数，它能以不同的模式打开文件。对于图书管理系统，常见的模式有写入模式("w")、读取模式("r")和追加模式("a")。例如，当系统首次运行且图书信息文件不存在时，使用写入模式打开文件会自动创建该文件。

2. 单本图书信息的写入

当有新的图书加入图书馆时，需要将其详细信息写入文件。通常会定义一个图书结构体来组织图书的各项信息，如书名、作者、ISBN 编号、出版年份和借阅状态等。使 fprintf 函数可以将结构体中的信息按照指定的格式写入文件。

3. 图书信息的修改

当图书的某些信息发生变化时，如借阅状态的改变，需要对文件中的相应记录进行修改。一般的做法是先将文件中的所有图书信息读取到内存中，找到需要修改的图书记录并更新其信息，然后将更新后的所有图书信息重新写入文件。

4. 错误处理

在进行文件操作时，可能会遇到各种错误，如文件打开失败、读写错误等。为了保证系统的稳定性和可靠性，需要对这些错误进行及时处理。可以使 perror 函数输出错误信息，让管理员能够快速定位问题所在。

项 目 小 结

本项目主要介绍了文件的基本知识。首先介绍了文件的基本操作；其次介绍了文件读写和定位；最后介绍了文件的出错检测与处理。通过本项目的学习，学生能够掌握文件的打开、关闭等核心操作，提高运用文件操作解决实际问题的能力。

项 目 习 题

一、填空题

1. 文件是指一组______________，这个数据集的名称就是____________。文件一般是存储在________________________上的，在使用时才调入内存。

2. C 语言源程序文件(.c)、____________、可执行文件(.exe)、____________等，包括熟悉的______________、图形文件(.bmp)等都属于文件。

3. 普通文件是指____________或其他外部介质上的一个__________，可以是源文件、目标文件、__________；也可以是__________________，或是一组输出的结果。

4. 文件的基本操作包括文件的__________和__________。操作文件的一般步骤为：打开文件→________________→关闭文件。

5. 非缓冲文件系统(又称____________)是指系统_______________________，而由各个程序分别为____________________。

二、简答题

1. 在 C 语言中提供了多种文件读写的函数，主要内容有哪些？

2. 文件使用完之后，为什么一定要关闭文件，简述其原因。

附　录

附录1　C语言关键字

关键字	含义	示例代码
int	整型数据	int age=25;
char	字符型数据	char grade='A';
float	单精度浮点数	float pi=3.14f;
double	双精度浮点数	double salary=12000.5;
short	短整型	short temp=-30;
long	长整型	long pop=7800000000L;
void	无类型/空值	void test();
_Bool	布尔类型(C99)	_Bool flag=1;
_Complex	复数类型(C99)	float_Complex z=1.0 + 2.0 * I;
_Imaginary	虚数类型(C99)	float_Imaginary img=3.0 * I;
signed	有符号类型(默认)	signed int x=-10;
unsigned	无符号类型	unsigned int count=100;
const	常量声明	const int MAX=100;
volatile	易变变量	volatile int counter;
restrict	指针优化限定(C99)	int * restrict ptr=&x;
static	静态存储	static int count=0;
register	寄存器变量(已过时)	register int fast;
auto	自动变量(默认)	auto float num=5.5;
struct	结构体类型	struct Point { int x, y; };
union	联合体类型	union Data { int i; float f; };
enum	枚举类型	enum Color {RED, GREEN, BLUE};
typedef	类型别名定义	typedef int INTEGER;

（续表）

关键字	含义	示例代码
if	条件语句	if (a > b) {…}
else	否则分支	if (x) {…} else {…}
switch	多分支选择	switch(num) { case 1: …}
case	分支条件	case 'A': printf("优秀");
default	默认分支	default: printf("无效");
for	循环语句	for (int i=0; i<10; i++)
while	当型循环	while (cnt < 5) {…}
do	直到型循环	do {…} while (cond);
break	跳出循环/开关	while (1) { if (x) break; }
continue	跳过本次循环	for (;;) { if (y) continue; }
goto	无条件跳转	error: …goto error;
return	函数返回值	return x * y;
sizeof	获取对象/类型大小	int bytes=sizeof(double);
extern	外部声明	extern int global_var;
inline	内联函数建议(C99)	inline void fast() {…}
alignas	对齐指定(C11)	alignas(16) int arr[4];
alignof	获取对齐要求(C11)	size_t a = alignof(double);
_Atomic	原子操作(C11)	_Atomic int counter;
_Thread_local	线程本地存储(C11)	_Thread_local int id;
_Noreturn	函数不返回(C11)	_Noreturn void fatal();
_Static_assert	静态断言(C11)	_Static_assert(sizeof(int)==4, "平台不兼容");
_Generic	泛型选择(C11)	

注：(1)C99/C11 新增关键字需编译器支持(GCC：-std=c11)

(2)复数类型_Complex 需<complex. h>

(3)_Bool 有宏别名 bool(需<stdbool. h>)

附录 2　ASCII 码标准表

Bin (二进制)	Oct (八进制)	Dec (十进制)	Hex (十六进制)	缩写/字符	解释
0000 0000	0	0	0x00	NUL(null)	空字符
0000 0001	1	1	0x01	SOH(start of headline)	标题开始
0000 0010	2	2	0x02	STX (start of text)	正文开始
0000 0011	3	3	0x03	ETX (end of text)	正文结束
0000 0100	4	4	0x04	EOT (end of transmission)	传输结束
0000 0101	5	5	0x05	ENQ (enquiry)	请求
0000 0110	6	6	0x06	ACK (acknowledge)	收到通知
0000 0111	7	7	0x07	BEL (bell)	响铃
0000 1000	10	8	0x08	BS (backspace)	退格
0000 1001	11	9	0x09	HT (horizontal tab)	水平制表符
0000 1010	12	10	0x0A	LF (NL line feed, new line)	换行键
0000 1011	13	11	0x0B	VT (vertical tab)	垂直制表符
0000 1100	14	12	0x0C	FF (NP form feed, new page)	换页键
0000 1101	15	13	0x0D	CR (carriage return)	回车键
0000 1110	16	14	0x0E	SO (shift out)	不用切换
0000 1111	17	15	0x0F	SI (shift in)	启用切换
0001 0000	20	16	0x10	DLE (data link escape)	数据链路转义
0001 0001	21	17	0x11	DC1 (device control 1)	设备控制 1
0001 0010	22	18	0x12	DC2 (device control 2)	设备控制 2
0001 0011	23	19	0x13	DC3 (device control 3)	设备控制 3
0001 0100	24	20	0x14	DC4 (device control 4)	设备控制 4
0001 0101	25	21	0x15	NAK (negative acknowledge)	拒绝接收
0001 0110	26	22	0x16	SYN (synchronous idle)	同步空闲
0001 0111	27	23	0x17	ETB (end of trans. block)	结束传输块
0001 1000	30	24	0x18	CAN (cancel)	取消
0001 1001	31	25	0x19	EM (end of medium)	媒介结束
0001 1010	32	26	0x1A	SUB (substitute)	代替
0001 1011	33	27	0x1B	ESC (escape)	换码(溢出)
0001 1100	34	28	0x1C	FS (file separator)	文件分隔符
0001 1101	35	29	0x1D	GS (group separator)	分组符

（续表 1）

Bin（二进制）	Oct（八进制）	Dec（十进制）	Hex（十六进制）	缩写/字符	解释
0001 1110	36	30	0x1E	RS（record separator）	记录分隔符
0001 1111	37	31	0x1F	US（unit separator）	单元分隔符
0010 0000	40	32	0x20	（space）	空格
0010 0001	41	33	0x21	!	叹号
0010 0010	42	34	0x22	"	双引号
0010 0011	43	35	0x23	#	井号
0010 0100	44	36	0x24	$	美元符
0010 0101	45	37	0x25	%	百分号
0010 0110	46	38	0x26	&	和号
0010 0111	47	39	0x27	'	单引号
0010 1000	50	40	0x28	(	开括号
0010 1001	51	41	0x29	)	闭括号
0010 1010	52	42	0x2A	*	星号
0010 1011	53	43	0x2B	+	加号
0010 1100	54	44	0x2C	,	逗号
0010 1101	55	45	0x2D	-	减号/破折号
0010 1110	56	46	0x2E	.	句号
0010 1111	57	47	0x2F	/	斜杠
0011 0000	60	48	0x30	0	字符 0
0011 0001	61	49	0x31	1	字符 1
0011 0010	62	50	0x32	2	字符 2
0011 0011	63	51	0x33	3	字符 3
0011 0100	64	52	0x34	4	字符 4
0011 0101	65	53	0x35	5	字符 5
0011 0110	66	54	0x36	6	字符 6
0011 0111	67	55	0x37	7	字符 7
0011 1000	70	56	0x38	8	字符 8
0011 1001	71	57	0x39	9	字符 9
0011 1010	72	58	0x3A	:	冒号
0011 1011	73	59	0x3B	;	分号

（续表2）

Bin（二进制）	Oct（八进制）	Dec（十进制）	Hex（十六进制）	缩写/字符	解释
0011 1100	74	60	0x3C	<	小于
0011 1101	75	61	0x3D	=	等号
0011 1110	76	62	0x3E	>	大于
0011 1111	77	63	0x3F	?	问号
0100 0000	100	64	0x40	@	电子邮件符号
0100 0001	101	65	0x41	A	大写字母 A
0100 0010	102	66	0x42	B	大写字母 B
0100 0011	103	67	0x43	C	大写字母 C
0100 0100	104	68	0x44	D	大写字母 D
0100 0101	105	69	0x45	E	大写字母 E
0100 0110	106	70	0x46	F	大写字母 F
0100 0111	107	71	0x47	G	大写字母 G
0100 1000	110	72	0x48	H	大写字母 H
0100 1001	111	73	0x49	I	大写字母 I
1001010	112	74	0x4A	J	大写字母 J
0100 1011	113	75	0x4B	K	大写字母 K
0100 1100	114	76	0x4C	L	大写字母 L
0100 1101	115	77	0x4D	M	大写字母 M
0100 1110	116	78	0x4E	N	大写字母 N
0100 1111	117	79	0x4F	O	大写字母 O
0101 0000	120	80	0x50	P	大写字母 P
0101 0001	121	81	0x51	Q	大写字母 Q
0101 0010	122	82	0x52	R	大写字母 R
0101 0011	123	83	0x53	S	大写字母 S
0101 0100	124	84	0x54	T	大写字母 T
0101 0101	125	85	0x55	U	大写字母 U
0101 0110	126	86	0x56	V	大写字母 V
0101 0111	127	87	0x57	W	大写字母 W
0101 1000	130	88	0x58	X	大写字母 X
0101 1001	131	89	0x59	Y	人写字母 Y

参 考 文 献

[1]魏永明 . C 语言最佳实践[M]. 北京：人民邮电出版社，2025.

[2]唐文静，梁胤程，朱强 . C 语言程序设计基础(微课视频版)[M]. 北京：清华大学出版社，2025.

[3]苏小红，张彦航，赵玲玲 . C 语言程序设计[M].5 版 . 北京：高等教育出版社，2024.

[4]黄复贤 . C 语言程序设计教程[M]. 北京：高等教育出版社，2024.

[5]谭浩强 . C 语言程序设计[M].5 版 . 北京：清华大学出版社，2024.

[6]严蔚敏，李冬梅，吴伟民 . 数据结构(C 语言版)[M].3 版 . 北京：人民邮电出版社，2024.

[7]王利涛 . 嵌入式 C 语言自我修养[M]. 北京：电子工业出版社，2021.